Untersuchungen
über einige krumme Linien,
welche
mit Hülfe ihrer Subtangente
rectificirt werden,

von

Moritz von Prittwitz,

Königl. Preuß. Ingenieur-Lieutenant.

Herausgegeben und mit Zusätzen über verwandte Curven vermehrt

von

H. W. Brandes,

Professor in Breslau.

Leipzig,
bei Georg Joachim Göschen. 1816.

Untersuchungen

über den Weg

eines

gleichförmig fortrückenden Körpers,

der

in jedem Augenblicke sich grade gegen einen andern

gleichförmig und zugleich gradlinigt fortlaufenden Körper

hinbewegt.

Von

M. von Prittwitz.

Leipzig,

bei Georg Joachim Göschen. 1816.

Vorrede.

Daß ich die kleine, aber gewiß sehr gehaltvolle und gelungene Arbeit eines jungen Freundes, dessen mathematisches Talent mir während der kurzen Zeit seines Aufenthalts auf der hiesigen Universität die größte Freude gemacht hat, dem Publicum übergebe, bedarf gewiß keiner Entschuldigung. Die hier betrachteten krummen Linien verdienten eben so gut, als andere einzelne Curven eine nähere Untersuchung, und verdienten sie um so mehr, da sich aus nahe übereinstimmenden Voraussetzungen eine ganze Reihe mannigfaltig verschiedener Curven, die zum Theil sehr merkwürdige Eigenschaften haben, ergeben. Ueberdies fehlt es in unsern Lehrbüchern meistens gar sehr au Beispielen solcher Linien, die aus Bestimmungen, welche zu Differentialgleichungen des zweiten Grades führen, hergeleitet werden, und ich glaube daher Lehrern und Lernenden einen Dienst zu erweisen, wenn ich ihnen hier einen kleinen Vorrath solcher Exempel mittheile.

Mehr Entschuldigung bedarf es vielleicht, daß ich dieser Untersuchung Zusätze beigefügt habe, die sich nicht gradezu auf die hier betrachtete Familie von krummen Linien beziehen. Indeß boten sich die Fragen nach andern Curven, deren Bogen ebenfalls auf eine leichte Weise durch die Subtangente ausgedrückt wird, und nach einigen andern Linien, die durch ihre Entstehungs-Art mit jenen verwandt schienen, als so natürlich dar, daß ich hoffe, Freunde solcher Untersuchungen werden die wenigen Augenblicke nicht als unangenehm verlohren betrachten, die sie diesen wenigen Blättern widmen.

Es wird mir erlaubt sein, diesen Bemerkungen noch den Wunsch beizufügen, daß der Verfasser aus diesem neuen Kriege glücklich zurückkehren, und Musse und Aufmunterung finden möge, um ganz so viel, als seine ausgezeichneten Talente hoffen lassen, zur Erweiterung der mathematischen Wissenschaften beizutragen.

Breslau, im Mai 1815.

H. W. Brandes.

Es bewege sich (fig. 1.) der Punkt c gleichförmig stets nach dem beweglichen Punkte e hin, der auf der graden Linie ed nach d zu ebenfalls gleichförmig fortrückt, so wird der Punkt c eine krumme Linie beschreiben, deren Eigenschaften ich jetzt untersuchen will.

Es sei b der Ort des Punktes c, wenn die Richtung dieses letztern gegen die Linie ed senkrecht ist. Die Entfernung bd der beiden Punkte von einander in diesem Augenblick sei $= a$, ferner dm die Abscissenaxe, kh die Ordinatenaxe, die auf einander senkrecht stehen, ce eine Tangente an den Punkt c, die zugleich die Richtung der Bewegung des Punktes angiebt, so wird der Bogen cb sich zur graden Linie ed verhalten, wie die Geschwindigkeit des Punktes c zu der Geschwindigkeit des Punktes e, weil beider Bewegungen gleichförmig angenommen sind. Nun sei die Geschwindigkeit des Punctes c, m mal größer als die des Punktes e, ferner $bf = z$, $fc = y$, $bc = s$, so ist $s = m.\, ed$. Nun ist $gf : fc = dz : dy$ oder $gf : y = dz : dy$. Daher $gf = \frac{ydz}{dy}$ ferner $ed : gd = y : gf$ also

$$ed = \frac{y.\, gd}{gf} = \frac{y\left(a + z - \frac{ydz}{dy}\right)}{\frac{ydz}{dy}} = \frac{ady + zdy - ydz}{dz} = \frac{s}{m}$$ und wenn man

dz als beständig annimmt $\frac{1}{m} ds = \frac{1}{dz}\left\{ad^2y + dzdy + zd^2y - dydz\right\}$

$= \frac{d^2y}{dz}(a + z)$. Dies $\frac{1}{m}\, ds$ ist aber auch $= \frac{1}{m}\sqrt{(dz^2 + dy^2)}$, folglich

$\frac{1}{m} dz\sqrt{\left(1 + \frac{dy^2}{dz^2}\right)} = \frac{d^2y}{dz}(a + z)$. Nun sei $\frac{dy}{dz} = p$, so ist $dp = \frac{d^2y}{dz}$ und

$\frac{1}{m}\frac{dz}{a + z} = \frac{d^2y}{dz\sqrt{\left(1 + \frac{dy^2}{dz^2}\right)}} = \frac{dp}{\sqrt{(1 + p^2)}}$ und dies giebt das leicht zu findende In=

tegrale $\frac{1}{m}\log(a+z) = \log(p+\sqrt{(1+p^2)}) + \log Const.$ oder $(a+z)^{\frac{1}{m}} = Cp + C\sqrt{(1+p^2)}$ und $(a+z)^{\frac{2}{m}} - 2\,Cp\,(a+z)^{\frac{1}{m}} + C^2p^2 = C^2 + C^2p^2$, folglich $(a+z)^{\frac{2}{m}} - 2\,Cp\,(a+z)^{\frac{1}{m}} = C^2$. Nun ist p gleich der trigonometrischen Tangente des veränderlichen Winkels cgf und diese wird o, für $z=o$, folglich ist $a^{\frac{1}{m}} = C$ und $(a+z)^{\frac{2}{m}} - 2a^{\frac{1}{m}}\,p\,(a+z)^{\frac{1}{m}}$. Wenn wir nun jetzt die Linie ed zur Ordinatenaxe nehmen, und $df=x$ setzen, so ist $x = a+z$, $dx=dz$, folglich $p = \frac{dy}{dx}$ und es wird $x^{\frac{2}{m}} - 2a^{\frac{1}{m}}\,x^{\frac{1}{m}}\frac{dy}{dx} = a^{\frac{2}{m}}$ oder

$$dy = \frac{x^{\frac{1}{m}}\,dx}{2a^{\frac{1}{m}}} - \frac{a^{\frac{1}{m}}\,dx}{2x^{\frac{1}{m}}}$$ und daher für $m=1$, $y = \frac{x^2}{4a} - \frac{a}{2}\log x + C$

für $m \gtrless 1$, $$y = \frac{m x^{\frac{m+1}{m}}}{2a^{\frac{1}{m}}\,(m+1)} - \frac{m a^{\frac{1}{m}}\,x^{\frac{m-1}{m}}}{2(m-1)} + C.$$

Erster Hauptfall.

$m = 1.$

Um in der ersten Gleichung $\frac{x^2}{4a} - \frac{a}{2}\log x + C = y$ die beständige Größe C zu finden, bedenke man, daß $y = o$ ist für $x = a$, weil für $x = a$ die Curve mit der Abscissenaxe zusammenfällt, und es ist $C = \frac{a}{2}\log a - \frac{a}{4}$; folglich $y =$

$\frac{x^2}{4a} - \frac{a}{4} - \frac{a}{2}\log x + \frac{a}{2}\log a = \frac{x^2 - a^2}{4a} - \frac{a}{2}\log\frac{x}{a}$. Für ein negatives x wird nun $\log\frac{x}{a}$ unmöglich, folglich liegt kein Theil der Curve auf der negativen Seite der Linie el. Für $x = 0$ ist $y = \infty$. Für $x < a$ wird y stets positiv, denn man setze $x = a - b$, und b sei eine Zahl so klein man will, so ist $y = \frac{b^2 - 2ab}{4a} - \frac{a}{2}\log\frac{a-b}{a} = \frac{b^2 - 2ab}{4a} - \frac{a}{2}\log\left(1 - \frac{b}{a}\right)$. Es sei nun $\frac{b}{a} = e$ so ist $y = a\left(\frac{e^2}{4} - \frac{e}{2} - \frac{1}{2}\log(1-e)\right)$. Nun ist $\log(1-e)$ $= -\left(e + \frac{1}{2}e^2 + \frac{1}{3}e^3 + \frac{1}{4}e^4 \ldots\right)$ also $-\frac{1}{2}\log(1-e)$ $= \frac{1}{2}e + \frac{1}{4}e^2 + \frac{1}{6}e^3 + \frac{1}{8}e^4 \ldots$ folglich $y = a\left(\frac{e^2}{4} - \frac{e}{2} + \frac{1}{2}e + \frac{1}{4}e^2 + \frac{1}{6}e^3 \ldots\right)$ und dies ist offenbar stets positiv. Für $x = a$ wird $y = 0$ und für $x > a$ wird y wiederum stets positiv, welches folgendermaßen erhellet. Man setze $x = a + b$ und b sei eine Zahl so klein man will, so ist $y = \frac{2ab + b^2}{4a} - \frac{a}{2}\log\frac{a+b}{a}$. Es sei $\frac{b}{a} = e$, so ist $y = \frac{ae}{2} + \frac{ae^2}{4} - \frac{a}{2}\log(1+e) = a\left(\frac{e}{2} + \frac{e^2}{4} - \frac{1}{2}\log(1+e)\right)$. Nun ist $\log(1+e) = e - \frac{1}{2}e^2 + \frac{1}{3}e^3 - \frac{1}{4}e^4 + \frac{1}{5}e^5 \ldots$ $= e + \left(\frac{1}{3} - \frac{1}{2e}\right)e^3 + \left(\frac{1}{5} - \frac{1}{4e}\right)e^5 \ldots$ Man nehme nun e sehr klein an (weil man b so klein, als man will, annehmen kann), so wird immer $\frac{1}{2e} > \frac{1}{3}$ und $\frac{1}{4e} > \frac{1}{5}$ etc. seyn, und wenn man $\frac{1}{3} - \frac{1}{2e} = -\frac{1}{p}$, $\frac{1}{5} - \frac{1}{4e} = -\frac{1}{q}$ setzt, wo p und q positive Zahlen bezeichnen, so wird $\frac{1}{2}\log(1+e) = \frac{e}{2} - \frac{e^3}{2p} - \frac{e^5}{2q}$ etc., und dies ist kleiner als $\frac{e}{2} + \frac{e^2}{4}$. Daher wird y positiv für einen sehr kleinen Werth von e. Da aber die Logarithmen der Zahlen nur im arithmetischen Verhältniß wachsen, während die dazu gehörigen Zahlen im geometrischen zunehmen, so wird der Werth des veränderlichen Theiles in dem Ausdruck für y oder der Werth von $\frac{x^2}{4a} - \frac{a}{2}\log x$ desto größer, je größer x ist und da nun y positiv wurde für $x = a + b$ oder $x = a + ac$, wenn c sehr klein war, so wird für jeden Werth von b, y positiv und zwar desto größer, je größer x genommen wird. Für $x = \infty$ wird y $= \frac{\infty^2}{4a} - \frac{a}{2}\log\frac{\infty}{a}$, welches aus dem oben angeführten Grunde $= +\infty$ ist. Daher hat die Curve zwei ohne Ende fortlaufende Aeste und liegt ganz in dem Raum ldm.

Um die Curve zu rectificiren, setze man $bc = s$, so daß ba negativ wird, so ist bc = de. Nun war $gf = \frac{ydx}{dy}$ und $ed : dg = fc : gf$ oder $ed : (x - \frac{ydx}{dy}) = y : \frac{ydx}{dy}$; folglich $ed = s = \frac{xdy - ydx}{dx}$. Nun ist $dy = \frac{x^2 - a^2}{2ax} dx$, folglich $s = \frac{x^2 - a^2}{2a} - \frac{x^2 - a^2}{4a} + \frac{a}{2}\log\frac{x}{a} = \frac{x^2 - a^2}{4a} + \frac{a}{2}\log\frac{x}{a}$ $= y + a\log\frac{x}{a}$. Für $x = 0$ giebt dies den Bogen ba negativ $= -\infty$, wie wir dies voraussetzten.

Sucht man die Entfernung der beiden bewegten Punkte c, e von einander so ist dieselbe $= ce = \sqrt{(eo^2 + oc^2)} = \sqrt{((y + a\log\frac{x}{a} + y)^2 + x^2)} = \sqrt{\left(\left(\frac{x^2 - a^2}{2a}\right)^2 + x^2\right)} = \frac{x^2 + a^2}{2a}$. Für $x = a$ wird diese Entfernung = a und für $x = 0$ wird sie $= \frac{a}{2}$ und dies ist die größte Annäherung, denn $\frac{1}{dx} \cdot d\left\{\frac{x^2 + a^2}{2a}\right\}$ ist $= \frac{x}{a}$ und dies $= 0$ gesetzt, giebt für den kleinsten Werth der Entfernung der beiden Punkte $x = 0$.

Um die Räume ldba, apbk, kbc, cbf zu quadriren setze man zuerst den Raum cpbd = R, so ist $dR = xdy = \frac{x^2 - a^2}{2a} dx$ und R

$=\frac{x^3}{6a}-\frac{ax}{2}+C$. Nun ist für $x=a$, $R=0$, folglich $C=\frac{a^2}{2}-\frac{a^2}{6}=\frac{a^2}{3}$ und $R=\frac{x^3}{6a}-\frac{ax}{2}+\frac{a^2}{3}$. Für $x=0$ giebt dies $R=\frac{a^2}{3}$; dies ist also der Inhalt des ganze von der Ordinatenaxe, von der Linie db und dem unendlichen Ast ab eingeschlossenen Raumes. Um den Inhalt des Raumes ldqpa zu finden, so setze man denselben $=Q$, so wird $dQ=y\,dx=dx\left(\frac{x^2-a^2}{4a}-\frac{a}{2}\log\frac{x}{a}\right)$ $=dx\left\{\left(\frac{x^2+a^2}{4a}\right)-\left(\frac{a}{2}+\frac{a}{2}\log\frac{x}{a}\right)\right\}$ und daher $Q=\frac{x^3}{12a}+\frac{ax}{4}-\int\left(\frac{ax\,dx}{2x}+\frac{a\,dx}{2}\log\frac{x}{a}\right)=\frac{x^3}{12a}+\frac{ax}{4}-\frac{ax}{2}\log\frac{x}{a}$ seyn. Die beständige Größe fällt hier weg, weil für $x=0$, $Q=0$ wird. Für $x=a$ wird Q $=ldba=\frac{a^2}{3}$ wie wir schon vorhin gefunden haben.

Der Raum psb ist nun $=osbd-opbd=ay-R$
$$=\frac{x^2-a^2}{4}-\frac{a^2}{2}\log\frac{x}{a}-\frac{x^3}{6a}+\frac{ax}{2}-\frac{a^2}{3}=\frac{-x^3}{6a}+\frac{x^2}{4}+\frac{ax}{2}-\frac{7a^2}{12}-\frac{a^2}{2}\log\frac{x}{a},$$
Was den Raum scb betrifft, so ist er $=ocbd-osbd=ocbd-ay$ und wenn man $df=x'$, $fc=y$ setzt, so wird ocbd ebenfalls durch $\int x'dy$ gegeben, und dies ist $=\frac{x'^3}{6a}-\frac{ax'}{2}+\frac{a^2}{3}$ und daher ist sbc
$$=\frac{x'^3}{6a}-\frac{ax'}{2}+\frac{a^2}{3}-\frac{x'^2-a^2}{4}+\frac{a^2}{2}\log\frac{x'}{a}$$
$=\frac{a^2}{2}\log\frac{x'}{a}+\frac{x'^3}{6a}-\frac{x'^2}{4}-\frac{ax'}{2}+\frac{7a^2}{12}$. Nun ist $pbc=pbs+scb$ folglich da für x' und x, y dasselbe seyn soll, pbc
$$=ay-\frac{x^3}{6a}+\frac{ax}{2}-\frac{a^2}{3}+\frac{x'^3}{6a}-\frac{ax'}{2}+\frac{a^2}{3}-ay$$
$=\frac{1}{6a}(x'^3-x^3)-\frac{a}{2}(x'-x)=(x'-x)\left\{\left(\frac{x'^2+x'x+x^2}{6a}\right)-a^2\right\}$ und um diese Gleichung zu gebrauchen, müßte man aus den Gleichungen
$y=\frac{x^2-a^2}{4a}-\frac{a}{2}\log\frac{x}{a}=\frac{x'^2-a^2}{4a}-\frac{a}{2}\log\frac{x'}{a}$, x durch x', oder x'

durch x ausgedrückt suchen, und den gefundenen Werth für x oder x', in der für pbc gefundnen Gleichung substituiren.

Endlich wird der Raum cbf durch das für Q gefundene Integral $\int y\,dx$ gegeben, wenn man df = x annimmt und Q = o, für x = a setzt. Man findet dann $cbf = \frac{x^3}{12a} + \frac{ax}{4} - \frac{ax}{2}\log\frac{x}{a} - \frac{a^2}{3}$.

Es ist $dy = -\frac{dx\left(x - \frac{a^2}{x}\right)}{2a} = dx\left(\frac{x^2 - a^2}{2ax}\right)$. Hieraus läßt sich leicht die Tangente, Subtangente, Normale und Subnormale finden, denn es ist die Tangente $cg = y\sqrt{\left(1 + \frac{dx^2}{dy^2}\right)} = y\sqrt{\left(1 + \frac{4a^2x^2}{(x^2 - a^2)^2}\right)} = y\left(\frac{x^2 + a^2}{x^2 - a^2}\right)$.

Die Subtangente $gf = \frac{y\,dx}{dy} = y \cdot \frac{2ax}{(x^2 - a^2)} = \frac{x}{2} - \frac{a^2x}{x^2 - a^2}\log\frac{x}{a}$.

Die Normale $cw = y\sqrt{\left(1 + \frac{dy^2}{dx^2}\right)} = y.\,\frac{x^2 + a^2}{2ax}$.

Die Subnormale $fw = \frac{y\,dy}{dx} = y.\frac{x^2 - a^2}{2ax}$.*)

Zur Auffindung des Krümmungs-Halbmessers, den wir r nennen wollen, dient der, für Bogen, die gegen die Abscissenaxe convex sind, geltende Ausdruck $r = \frac{(dx^2 + dy^2)^{\frac{3}{2}}}{dx\,d^2y}$. Nun ist bei unserer Curve $\frac{dy}{dx} = \frac{x^2 - a^2}{2ax}$ also $d^2y = \frac{dx^2}{2a}\left(2 - \frac{x^2 - a^2}{x^2}\right) = \frac{dx^2}{2a}\left(\frac{x^2 + a^2}{x^2}\right)$. Also

$$r = \frac{dx^3\left\{1 + \left(\frac{x^2 - a^2}{2ax}\right)^2\right\}^{\frac{3}{2}}}{\frac{dx^3}{2a}\left\{\frac{x^2 + a^2}{x^2}\right\}} = \frac{2ax^2\,(x^2 + a^2)^3}{(2ax)^3\,(x^2 + a^2)} = \frac{(x^2 + a^2)^2}{4a^2x}.$$ Nun

---

*) Betrachtet man dl als Abscissen-Axe, so würde oe die Subtangente sein und hier wäre also de = oe − y = dem Bogen bc, oder allgemein der Bogen s = Subtang. − y. Auf diese Ansicht bezieht es sich, daß ich diese und die folgenden Curven durch ihre Subtangente rectificabel genannt habe.

Br.

war die jedesmalige Entfernung der beiden Punkte von einander $= \frac{x^2+a^2}{2a}$. Setzen wir diese $= k$, so wird $r = \frac{k^2}{x}$ und für $x = a$ wird r auch $= a$.

Ein interessanter Punkt ist noch der Punkt der größten Krümmung der Curve. Er wird gefunden durch den kleinsten Werth des Krümmungshalbmessers. Nun ist $dr = d.\left\{\frac{x^4+2a^2x^2+a^4}{4a^2x}\right\} = \frac{dx}{4a^2}\left\{3x^2+2a^2-\frac{a^4}{x^2}\right\}$, folglich $\frac{dr}{dx} = \frac{3x^4+2a^2x^2-a^4}{4a^2x^2}$ und dies $= 0$ gesetzt, giebt $a^4 = 3x^4+2a^2x^2$, und $x^2 = -\frac{1}{3}a^2 \mp \sqrt{\left(\frac{a^4}{3}+\frac{a^4}{9}\right)} = -\frac{1}{3}a^2 \mp \frac{2}{3}a^2$. Da jedoch x^2 positiv genommen werden muß, um einen möglichen Werth für x zu erhalten, so ist $x = a\sqrt{\frac{1}{3}}$. Für diesen Werth von x ist also die Krümmung am größten und es wird an diesem Punkt $nr = \frac{4}{9}a\sqrt{3} = a.\ 0,7698$.

Die Evolute der Curve läßt sich folgendermaßen bestimmen. Es sei vc der Krümmungshalbmesser der Curve für $df = x$, so ist v ein Punkt der Evolute. Nun sei vu senkrecht auf der Absciſſenaxe, ferner $du = t$, $vu = u$, so ist, wenn N die Normale, S die Subnormale bedeutet, $du = t = x - uf$ und $uf : vc = fw : cw$ oder $uf : r = S : N$, also $uf = \frac{rS}{N}$ und $t = x - \frac{rS}{N}$

$$= x - \frac{(x^2+a^2)^2}{4a^2x} \cdot y\frac{x^2-a^2}{2ax} \cdot \frac{2ax}{y(x^2+a^2)} = x - \frac{(x^2+a^2)(x^2-a^2)}{4a^2x}$$

$= \frac{4a^2x^2-x^4+a^4}{4a^2x}$. Ferner ist $vu : vw = cf : cw$ oder $u : r+N = y : N$ also

$$u = y + \frac{ry}{N} = y + \frac{(x^2+a^2)^2}{4a^2x} \cdot \frac{2axy}{y(x^2+a^2)} = \frac{x^2-a^2}{4a} - \frac{a}{2}\log\frac{x}{a} + \frac{(x^2+a^2)}{2a}$$

$= \frac{3x^2+a^2}{4a} - \frac{a}{2}\log\frac{x}{a}$. Aus der Gleichung für t müßte man nun eine Gleichung für x durch t ausgedrückt suchen, und diesen Werth von x in die Gleichung für y setzen, um eine Gleichung zwischen t und u für die Evolute zu erhalten.

Zweiter Hauptfall.

$m > 1$.

Für $m>1$ war $y = \frac{mx^{\frac{m+1}{m}}}{2a^{\frac{1}{m}}(m+1)} - \frac{ma^{\frac{1}{m}} x^{\frac{m-1}{m}}}{2(m-1)} + C$. Nun wird für $x=a$, $y=0$, folglich ist $C = \frac{ma}{2(m-1)} - \frac{ma}{2(m+1)} = \frac{ma}{m^2-1}$; daher

$$y = \frac{mx^{\frac{m+1}{m}}}{2a^{\frac{1}{m}}(m+1)} - \frac{ma^{\frac{1}{m}} x^{\frac{m-1}{m}}}{2(m-1)} + \frac{ma}{m^2-1}.$$

Verrücke ich nun die Abscissenaxe um $\frac{ma}{m^2-1}$ weiter hinauf, so wird y

$$= \frac{mx^{\frac{m+1}{m}}}{2a^{\frac{1}{m}}(m+1)} - \frac{ma^{\frac{1}{m}} x^{\frac{m-1}{m}}}{2(m-1)} = \frac{mx^{\frac{m-1}{m}}}{2a^{\frac{1}{m}}} \left\{ \frac{x^{\frac{2}{m}}}{m+1} - \frac{a^{\frac{2}{m}}}{m-1} \right\}$$

Es sind nun hier 4 Fälle möglich. Wenn nämlich r, p zwei ungrade, n eine grade Zahl bezeichnen, so kann m entweder 1, $= \frac{r}{p}$ oder 2, $= \frac{2r}{p}$ oder 3, $= \frac{2n}{p}$ oder 4, $= \frac{r}{n}$ seyn. Darunter sind alle mögliche Fälle begriffen, denn entweder ist m eine ganze Zahl, und dann ist sie unter den 3 ersten Fällen begriffen, von denen der erste alle ungraden, der zweite und dritte alle graden enthält. Oder m ist ein Bruch, wo entweder der Nenner eine grade Zahl (und alle solche Brüche begreift der vierte Fall) oder eine ungrade Zahl ist, und dann enthält der erste Fall alle Brüche der Art, wo der Zähler eine ungrade, — der zweite und dritte alle, wo der Zähler eine grade Zahl ist.

Wenn wir nun den ersten Fall betrachten, wo $m = \frac{r}{p}$ ist, und diesen Werth in der Gleichung statt m setzen, so wird $y = \frac{rx^{\frac{r-p}{r}}}{2a^{\frac{p}{r}}}\left\{\frac{x^{\frac{2p}{r}}}{r+p} - \frac{a^{\frac{2p}{r}}}{r-p}\right\}$.

Da nun $r - p$ und $\frac{2r}{p}$ eine grade Zahl ist, so sind für dieselben positiven und negativen Werthe von x die Werthe von y dieselben und die Curve ist auf beiden Seiten der Ordinatenaxe gleich. Für $x = 0$ wird $y = 0$; für $x = \mp a$ wird $y = -\frac{rap}{r^2 - p^2}$ und dies ist ein größter Werth für x, denn $\frac{dy}{dx}$ ist

$$= \frac{r}{2a^{\frac{p}{r}}}\left\{\frac{(p+r)\,x^{\frac{p}{r}}}{r(p+r)} - \frac{(r-p)\,a^{\frac{2p}{r}}}{r(r-p)\,x^{\frac{p}{r}}}\right\} = \frac{x^{\frac{p}{r}}}{2a^{\frac{p}{r}}} - \frac{a^{\frac{p}{r}}}{2x^{\frac{p}{r}}}$$ und dies wird

0 für $x = a$. Für $x = \mp\left(\frac{r+p}{r-p}\right)^{\frac{r}{2p}} \cdot a$ wird $y = 0$. Ferner ist y stets negativ, so lange $x < \left(\frac{r+p}{r-p}\right)^{\frac{r}{2p}} a$ und stets positiv, so lange $x > \left(\frac{r+p}{r-p}\right)^{\frac{r}{2p}} a$ ist, denn es sey $x = \mp\left(\frac{r+p}{r-p} - \frac{1}{n}\right)^{\frac{r}{2p}} a$ so wird y

$$= \frac{rx^{\frac{r-p}{r}}}{2a^{\frac{p}{r}}}\left\{\frac{a^{\frac{2p}{r}}}{r+p}\left(\frac{r+p}{r-p} - \frac{1}{n}\right) - \frac{a^{\frac{2p}{r}}}{r-p}\right\} = \frac{rx^{\frac{r-p}{r}}}{2a^{\frac{p}{r}}}\left(-\frac{1}{n}\cdot\frac{a^{\frac{2p}{r}}}{r+p}\right)$$

und dies ist negativ, und eben so wird, wenn $x = \mp\left(\left(\frac{r+p}{r-p}\right) + \frac{1}{n}\right)^{\frac{r}{2p}} a$ ist,

$$y = \frac{rx^{\frac{r-p}{r}}}{2a^{\frac{p}{r}}}\left(+\frac{1}{n}\cdot\frac{a^{\frac{2p}{r}}}{r+p}\right)$$ oder positiv und die ganze Curve hat die Gestalt, wie fig. 2. sie zeigt.

Wenn zweitens $m = \frac{2r}{p}$ ist, so wird $y = \frac{rx^{\frac{2r-p}{2r}}}{a^{\frac{p}{2r}}}\left\{\frac{x^{\frac{p}{r}}}{2r+p} - \frac{a^{\frac{p}{r}}}{2r-p}\right\}$.

Da nun hier $2r-p$ stets ungerade ist, so ist y für ein negatives x unmöglich und für ein positives erhält es jedesmal zwei gleiche entgegengesetzte Werthe; denn $x^{\frac{p}{r}}$ erhält immer nur einen Werth. Für $x = 0$ wird $y = 0$; für $x = a$, wird $y = ra^{\frac{r-p}{r}}\left\{\frac{a^{\frac{p}{r}}}{2r+p} - \frac{a^{\frac{p}{r}}}{2r-p}\right\} = \frac{\mp 2rap}{4r^2 - p^2}$, und dies ist ein größter Werth von y, welches eben so wie vorhin erhellet. Für $x = \left(\frac{2r+p}{2r-p}\right)^{\frac{r}{p}}$. a wird $y = 0$ und von da an nimmt es immer zu und es wird für $x = \infty$ $y = \mp \infty$, und die Curve erhält die Gestalt fig. 3.

Ist drittens $m = \frac{2n}{p}$ (wo n eine grade Zahl bedeutet), so wird $y = \frac{nx^{\frac{2n-p}{2n}}}{a^{\frac{p}{2n}}}\left\{\frac{x^{\frac{p}{n}}}{2n+p} - \frac{a^{\frac{p}{n}}}{2n-p}\right\}$. Hier ist nun ebenfalls y unmöglich für ein negatives x; $x^{\frac{p}{n}}$ und $a^{\frac{p}{n}}$ erhält aber immer zwei Werthe. Nimmt man für diese zwei Ausdrücke zuerst die positiven oder negativen Werthe zugleich an, so erhält die Curve eine der vorigen Figur ganz ähnliche Gestalt. Nimmt man aber den negativen Werth von $x^{\frac{p}{n}}$ und den positiven von $a^{\frac{p}{n}}$ zugleich, oder umgekehrt, so erhält man jedem positiven Werthe von x zugehörend, zwei gleiche entgegengesetzte Werthe für y und zwar nehmen diese immer mehr zu, je größer x wird, weil die eingeschloßnen Glieder dann einerlei Zeichen haben und also summirt werden. Die Curve würde also die Gestalt fig. 4 haben; da aber die beyden Aeste γ a n (fig. 4.) nur dadurch entstanden sind, daß wir für $x^{\frac{p}{n}}$ und $a^{\frac{p}{n}}$ verschiedene Wurzelzeichen angenommen haben, dies Verfahren jedoch nicht richtig ist, indem die beiden eingeschloßnen Glieder ganz übereinstimmend und homogen sind, so bilden diese beiden Aeste eigentlich eine besondere Curve, deren Gleichung y

$$= \frac{nx^{\frac{2n-p}{2n}}}{a^{\frac{p}{2n}}} \left\{ \frac{x^{\frac{p}{n}}}{2n+p} + \frac{a^{\frac{p}{n}}}{2n-p} \right\}$$

ist, wo auch die Wurzelzeichen von $x^{\frac{p}{n}}$ und $a^{\frac{p}{n}}$ immer gleich genommen werden müssen, und diese Curve gehört nicht hierher oder erfordert wenigstens eine eigne Betrachtung, da sie ganz verschiedenartiger Natur ist. Wir vernachläßigen also diese beiden Aeste γ a n der Curve (fig. 4) hier ganz der zweite Fall fällt auf diese Art mit dem dritten zusammen.

Ist viertens $m = \frac{r}{n}$ so wird $y = \frac{rx^{\frac{r-n}{r}}}{2a^{\frac{n}{r}}} \left\{ \frac{x^{\frac{2n}{r}}}{r+n} - \frac{a^{\frac{2n}{r}}}{r-n} \right\}$. Hier ist nun $x^{\frac{r-n}{r}}$ stets positiv und negativ, je nachdem x positiv oder negativ ist, und $x^{\frac{2n}{r}}$ so wie $a^{\frac{2n}{r}}$ ist stets positiv. Die Curve erhält also für dieselben positiven und negativen Werthe von x, dieselben Werthe für y nur mit entgegengesetzten Zeichen. Für $x = 0$ wird $y = 0$. Für $x = \mp a$ wird $y = \pm \frac{r\,a\,n}{r^2 - n^2}$; für $x = \mp \left(\frac{r+n}{r-n}\right)^{\frac{r}{2n}} a$ wird $y = 0$ und für $x > \left(\frac{r+n}{r-n}\right)^{\frac{r}{2n}} a$ wird y positiv und negativ, je nachdem x positiv oder negativ ist. Die Curve hat also die Gestalt, wie fig. 5 sie zeigt

Um diese Curven zu rectificiren, kann man sich für alle drey Fälle der allgemeinen Formel für y bedienen. Die Rectification kann durch die auf die Ordinatenaxe bezogne Subtangente geschehen, wie aus der Einleitung erhellet (weswegen wir diese Curven auch als solche bezeichnet haben, die durch ihre Subtangente rectificirt werden), jedoch ist der gewöhnliche Weg kürzer.*) Es sei also s der veränderliche Bogen der Curve so ist $ds = dx\sqrt{\left(1 + \frac{dy^2}{dx^2}\right)} = dx\sqrt{\left(1 + \left\{\frac{x^{\frac{2}{m}} - a^{\frac{2}{m}}}{2a^{\frac{1}{m}}x^{\frac{1}{m}}}\right\}^2\right)}$

$= dx\left\{\frac{x^{\frac{2}{m}} + a^{\frac{2}{m}}}{2a^{\frac{1}{m}}x^{\frac{1}{m}}}\right\}$ und also $s = \frac{mx^{\frac{m-1}{m}}}{2a^{\frac{1}{m}}}\left\{\frac{x^{\frac{2}{m}}}{m+1} + \frac{a^{\frac{2}{m}}}{m-1}\right\}$

$= y + \frac{ma^{\frac{1}{m}}x^{\frac{m-1}{m}}}{m-1}$. Die Constante fällt hier weg, weil $s = 0$ wird für $x = 0$. Für $x = a$ wird der Bogen ab (fig. 2. 3. 4. 5) $= \frac{m^2 a}{m^2 - 1}$, welches auch schon daraus erhellt, weil der Punkt c mit einer mmal so großen Geschwindigkeit den Bogen ba beschreibt, als c den Weg da zurücklegt, der $= \frac{ma}{m^2 - 1}$ ist. Für x

---

*) Die Beziehung auf die auf der Axe le genommene Subtangente giebt sogleich

$$s = m\left(\frac{x\,dy}{dx}\right) - y) = m\left\{\frac{x^{\frac{m+1}{m}}}{2.\,a^{\frac{1}{m}}} - \frac{a^{\frac{1}{m}}x^{\frac{m-1}{m}}}{2}\quad \frac{m.\,x^{\frac{m+1}{m}}}{2(m+1)a^{\frac{1}{m}}}\quad \frac{m.\,x^{\frac{m-1}{m}}.\,a^{\frac{1}{m}}}{2.(m-1)}\right\}$$

das ist $s = \frac{m.}{2}\left\{\frac{x^{1+\frac{1}{m}}}{(m+1)\,a^{\frac{1}{m}}} + \frac{a^{\frac{1}{m}}.\,x^{1+\frac{1}{m}}}{(m-1)}\right\}$.

Er.

$= \left(\frac{m+1}{m-1}\right)^{\frac{m}{2}} a$ wird $y = o$ und folglich in diesem Fall $s = ab\lambda$

$= \frac{m a^{\frac{1}{m}} x^{\frac{m-1}{m}}}{m-1} = \frac{ma\,(m+1)^{\frac{m+1}{2}}}{(m-1)^{\frac{m+1}{2}}}$. Für $m = 3$ giebt dies $ab\lambda = 3a$. (fig. 2).

Die Entfernung ce der beiden Punkte von einander ist $= \sqrt{}(oe^2 + oc^2)$. Nun ist $oe : oc = dy : dx$; folglich $oe = \frac{x\,dy}{dx}$ und $ce = \sqrt{\left(\frac{x^2\,dy^2}{dx^2}\right) + x^2)}$

$= x \sqrt{\left(\frac{dy^2}{dx^2} + 1\right)} = \frac{x.\left(x^{\frac{2}{m}} + a^{\frac{2}{m}}\right)}{2a^{\frac{1}{m}}\, x^{\frac{1}{m}}} = k$, womit wir die Entfernung der beyden Punkte bezeichnen wollen. Für $x = a$ wird $k = a$. Für $x = o$, $k = o$.

Für $x = \left(\frac{m+1}{m-1}\right)^{\frac{m}{2}} a$, wofür $y = o$ wird, ist $k =$

$$= \frac{a\left(\frac{m+1}{m-1}\right)^{\frac{m}{2}} \left(\left(\frac{m+1}{m-1}\right) a^{\frac{2}{m}} + a^{\frac{2}{m}}\right)}{2a^{\frac{2}{m}} \left(\frac{m+1}{m-1}\right)^{\frac{1}{2}}} = \frac{a\,(m+1)^{\frac{m-1}{2}} \left(1 + \frac{m+1}{m-1}\right)}{2\,(m-1)^{\frac{m-1}{2}}}$$

$$= \frac{ma\,(m+1)^{\frac{m-1}{2}}}{(m-1)^{\frac{m+1}{2}}}.$$

Der Inhalt des von der Curve, der Abscissenaxe und einer Ordinate eingeschloßnen Raumes wird durch $\int y\,dx = \int \frac{m\,dx.\ x^{\frac{m+1}{m}}}{2a^{\frac{1}{m}}\,(m+1)} - \frac{m\,dx\,a^{\frac{1}{m}}\,x^{\frac{m-1}{m}}}{2\,(m-1)}$

$$= \frac{m^2 x^{\frac{2m+1}{m}}}{2a^{\frac{1}{m}}(m+1)(2m+1)} - \frac{m^2 a^{\frac{1}{m}} x^{\frac{2m-1}{m}}}{2(m-1)(2m-1)}$$

gegeben, Die Constante fällt hier weg. Für $x = a$ giebt dies den Raum $ab\lambda$

$$= \frac{m^2a^2}{2(m+1)(2m+1)} - \frac{m^2a^2}{2(m-1)(2m-1)}$$

$$= \frac{m^2a^2}{2}\left\{\frac{2m^2-3m+1-2m^2-3m-1}{(m^2-1)(4m^2-1)}\right\} = \frac{-3m^3a^2}{(m^2-1)(4m^2-1)}$$

und dies ist negativ, weil $ab\lambda$ auf der negativen Seite von $a\omega$ liegt. adb aber ist

$$= adbs - abs = \frac{ma^2}{m^2-1} - \frac{3m^3a^2}{(m^2-1)(4m^2-1)}$$

$$= \frac{4m^3a^2 - ma^2 - 3m^3a^2}{(m^2-1)(4m^2-1)} = \frac{m^3a^2 - ma^2}{(m^2-1)(4m^2-1)} = \frac{ma^2}{4m^2-1}.$$

Für $x = \left(\frac{m+1}{m-1}\right)^{\frac{m}{2}} a$ wird der Raum $ab\lambda$

$$= \frac{m^2a^2(m+1)^{\frac{2m+1}{2}}}{2(m+1)(2m+1)(m-1)^{\frac{2m+1}{2}}} - \frac{m^2a^2(m+1)^{\frac{2m-1}{2}}}{2(m-1)(2m-1)(m-1)^{\frac{2m-1}{2}}}$$

$$= \frac{m^2a^2}{2}\left\{\frac{(m+1)^{\frac{2m+1}{2}}}{(2m+1)(m-1)^{\frac{2m+1}{2}}} - \frac{(m+1)^{\frac{2m-1}{2}}}{(2m-1)(m-1)^{\frac{2m+1}{2}}}\right\}$$

$$= \frac{m^2a^2(m+1)^{\frac{2m-1}{2}}}{2(m-1)^{\frac{2m+1}{2}}}\left(\frac{1}{2m+1} - \frac{1}{2m-1}\right)$$

$$= \frac{-m^2a^2(m+1)^{\frac{2m-1}{2}}}{(4m^2-1)(m-1)^{\frac{2m+1}{2}}}.$$

Der ganze Raum $ax\lambda b$ der dritten Figur für $m = \frac{n}{p}$ ist doppelt so groß.

Der durch die Umdrehung von $c\lambda b a x$ (fig. 3) um die Axe $a\omega$ entstandenen Körper läßt sich cubiren und seine Oberfläche quadriren. Bedienen wir uns der allgemeinen Formel für y, so erhalten wir zugleich den cubischen Inhalt und die Oberfläche des durch die Umdrehung der andern Curven entstandnen Körpers. Es sei also (fig. 3.) $as = x$, so ist der Inhalt des Körpers $bxa = \int y^2 \pi\, dx$

$$= \int \pi dx \; \frac{m^2 \; x^{2\frac{m-1}{m}}}{4a^{\frac{2}{m}}} \left\{ \frac{x^{\frac{4}{m}}}{(m+1)^2} - \frac{2a^{\frac{2}{m}} x^{\frac{2}{m}}}{m^2-1} + \frac{a^{\frac{4}{m}}}{(m-1)^2} \right\}$$

$$= \pi \left\{ \frac{m^3 x^{\frac{3m+2}{m}}}{4a^{\frac{2}{m}} (m+1)^2 (3m+2)} - \frac{m^2 x^3}{6(m^2-1)} + \frac{m^3 a^{\frac{2}{m}} x^{\frac{3m-2}{m}}}{4(m-1)^2 (3m-2)} \right\}$$

$$= m^3 x^3 \pi \left\{ \frac{x^{\frac{2}{m}}}{4a^{\frac{2}{m}} (m+1)^2 (3m+2)} - \frac{1}{6m(m^2-1)} + \frac{a^{\frac{2}{m}}}{4(m-1)^2(3m-2) x^{\frac{2}{m}}} \right\}.$$

Die Constante wird hier null weil der Inhalt des Körpers $= 0$ wird für $x = 0$. Für $x = a$ giebt dies den Inhalt des Körpers xab

$$= m^3 a^3 \pi \left\{ \frac{1}{4(m+1)^2(3m+2)} - \frac{1}{6m(m^2-1)} + \frac{1}{4(m-1)^2(3m-2)} \right\}$$

$$= \frac{m^3 a^3 \pi}{4} \left\{ \frac{(m-1)^2(3m-2) + (m+1)^2(3m+2)}{(9m^2-4)\;(m^2-1)^2} - \frac{2}{3m(m^2-1)} \right\}$$

$$= \frac{m^3 a^3 \pi}{4} \left\{ \frac{[(m-1)^2(3m-2)+(m+1)^2(3m+2)]\; 3m - 2\,(9m^2-4)(m^2-1)}{3m\,(9m^2-4)\;(m^2-1)^2} \right\}$$

$$= \frac{m^2 a^3 \pi}{12} \left\{ \frac{(6m^3+14m)\,3m - 2\,(9m^2-4)\;(m^2-1)}{(9m^2-4)\;(m^2-1)^2} \right\}$$

$$= \frac{m^2 a^3 \pi}{12} \left\{ \frac{18m^4 + 42m^2 - 18m^4 + 26m^2 - 8}{(9m^2-4)\;(m^2-1)^2} \right\}$$

$$= \frac{m^2 a^3 \pi}{3} \left\{ \frac{17m^2-2}{(m^2-1)\,(9m^2-4)} \right\}.$$

Für $x = \left(\frac{m+1}{m-1}\right)^{\frac{m}{2}} a$ erhält man den Inhalt des ganzen Körpers λxab

$$= m^3 a^3 \pi \left(\frac{m+1}{m-1}\right)^{\frac{3m}{2}} \cdot \left\{\frac{m+1}{4(m-1)(m+1)^2(3m+2)} - \frac{1}{6m(m^2-1)} + \frac{(m-1)}{4(m+1)(m-1)^2(3m-2)}\right\}$$

$$= m^3 a^3 \pi \left(\frac{m+1}{m-1}\right)^{\frac{3m}{2}} \left\{\frac{1}{4(m^2-1)(3m+2)} - \frac{1}{6m(m^2-1)} + \frac{1}{4(m^2-1)(3m-2)}\right\}$$

$$= \frac{m^3 a^3 \pi (m+1)^{\frac{3m-2}{2}}}{2(m-1)^{\frac{3m+2}{2}}} \left\{\frac{1}{6m+4} - \frac{1}{3m} + \frac{1}{6m-4}\right\}$$

$$= \frac{m^3 a^3 \pi (m+1)^{\frac{3m-2}{2}}}{2(m-1)^{\frac{3m+2}{2}}} \left\{\frac{4}{3m(9m^2-4)}\right\} = \frac{2m^2 a^3 \pi (m+1)^{\frac{3m-2}{2}}}{3(m-1)^{\frac{3m+2}{2}}(9m^2-4)}.$$ Für m

$= 2$ giebt dies den Inhalt des Körpers $\lambda xab = \frac{8a^3\pi.9}{3.32} = \frac{3}{4} a^3\pi$.

Die Oberfläche des Körpers xab, wenn $as = x$ ist, wird gegeben durch $\int 2y\pi\sqrt{(dx^2+dy^2)}$. Nun ist $\sqrt{(dx^2+dy^2)} = dx \left(\frac{x^{\frac{2}{m}} + a^{\frac{2}{m}}}{2a^{\frac{1}{m}} x^{\frac{1}{m}}}\right)$ folglich ist

$$\int 2y\pi\sqrt{(dx^2+dy^2)} = \int 2y\pi dx \left\{\frac{x^{\frac{2}{m}} + a^{\frac{2}{m}}}{2a^{\frac{1}{m}} x^{\frac{1}{m}}}\right\} =$$

$$\int 2\pi m\,dx\,\frac{x^{\frac{m-1}{m}}}{2a^{\frac{1}{m}}}\left\{\frac{x^{\frac{2}{m}}}{m+1}-\frac{a^{\frac{2}{m}}}{m-1}\right\}\cdot\left\{\frac{x^{\frac{2}{m}}+a^{\frac{2}{m}}}{2a^{\frac{1}{m}}\,x^{\frac{1}{m}}}\right\}$$

$$=\int 2\pi m\,dx\,\frac{x^{\frac{m-2}{m}}}{4a^{\frac{2}{m}}}\left\{\frac{x^{\frac{4}{m}}}{m+1}-\frac{2a^{\frac{2}{m}}x^{\frac{2}{m}}}{m^2-1}-\frac{a^{\frac{4}{m}}}{m-1}\right\}$$

$$=\int\frac{2\pi m\,dx}{4a^{\frac{2}{m}}}\left\{\frac{x^{\frac{m+2}{m}}}{m+1}-\frac{2a^{\frac{2}{m}}x}{m^2-1}-\frac{a^{\frac{4}{m}}x^{\frac{m-2}{m}}}{m-1}\right\}$$

$$=\frac{m^2\pi}{2a^{\frac{2}{m}}}\left\{\frac{x^{\frac{2m+2}{m}}}{(m+1)(2m+2)}-\frac{a^{\frac{2}{m}}x^2}{m(m^2-1)}-\frac{a^{\frac{4}{m}}x^{\frac{2m-2}{m}}}{(m-1)(2m-2)}\right\}$$

$$=\frac{m^2x^2\pi}{2a^{\frac{2}{m}}\,(m^2-1)}\left\{\frac{(m-1)x^{\frac{2}{m}}}{(2m+2)}-\frac{a^{\frac{2}{m}}}{m}-\frac{(m+1)a^{\frac{4}{m}}}{(2m-2)x^{\frac{2}{m}}}\right\}.$$

Auch hier fällt die Constante aus demselben Grunde wie vorhin weg. Für $x=a$ wird die Oberfläche des Körpers xab

$$=\frac{m^2a^2\pi}{2(m^2-1)}\left\{\frac{m-1}{2m+2}-\frac{1}{m}-\frac{m+1}{2m-2}\right\}=\frac{ma^2\pi(1-3m^2)}{2(m^2-1)^2}.$$

Für $m=2$ giebt dies die Oberfläche des Körpers xab (fig. 3.) $=-\frac{11}{9}a^2\pi$.

Daß wir einen negativen Werth für die Oberfläche erhalten, kommt daher, daß wir überall x positiv und mit positiven Wurzelzeichen genommen haben, und dafür wird y negativ. Bei dem Werth für den Inhalt des Körpers wurde x zwar eben so gebraucht, aber da kam y im Quadrat vor, nämlich $\int y^2\pi dx$ und daher erhielten wir einen positiven Werth für den Inhalt.

Für $x=\left(\frac{m+1}{m-1}\right)^{\frac{m}{2}}a$ erhalten wir die Oberfläche des Körpers $\lambda xab\lambda$

$$= \frac{m^2 a^2 \pi (m+1)^m}{2a^{\frac{2}{m}} (m^2-1)(m-1)^m} \left\{ \frac{a^{\frac{2}{m}} (m-1)(m+1)}{(2m+2)(m-1)} - \frac{a^{\frac{2}{m}}}{m} - \frac{(m+1)(m-1) a^{\frac{4}{m}}}{a^{\frac{2}{m}} (2m-2)(m+1)} \right\}$$

$$= \frac{m^2 a^2 \pi (m+1)^{m-1}}{2(m-1)^{m+1}} \left\{ \frac{m+1}{2m+2} - \frac{1}{m} - \frac{m-1}{2m-2} \right\}$$

$$= \frac{m^2 a^2 \pi (m+1)^{m-1}}{2(m-1)^{m+1}} \left\{ \frac{1}{2} - \frac{1}{m} - \frac{1}{2} \right\} = \frac{-ma^2\pi(m+1)^{m-1}}{2(m-1)^{m+1}}$$

Für $m=2$ giebt dies die Oberfläche des Körpers $\lambda\, x\, a\, b\, \lambda = -3a^2\pi$.

Die Tangente an die Curven findet man aus $y\sqrt{\left(1+\frac{dx^2}{dy^2}\right)}$

$$= y\sqrt{\left(1+\left(\frac{2a^{\frac{1}{m}} x^{\frac{1}{m}}}{x^{\frac{2}{m}} - a^{\frac{2}{m}}}\right)^2\right)} = y\left(\frac{x^{\frac{2}{m}} + a^{\frac{2}{m}}}{x^{\frac{2}{m}} - a^{\frac{2}{m}}}\right)$$

die Subtangente $= \frac{y\,dx}{dy} = \frac{2y a^{\frac{1}{m}} x^{\frac{1}{m}}}{x^{\frac{2}{m}} - a^{\frac{2}{m}}}$.

die Normale $= y\sqrt{\left(1+\frac{dy^2}{dx^2}\right)} = y\left(\frac{x^{\frac{2}{m}} + a^{\frac{2}{m}}}{2a^{\frac{1}{m}} x^{\frac{1}{m}}}\right)$

die Subnormale $= \frac{y\,dy}{dx} = y\left(\frac{x^{\frac{2}{m}} - a^{\frac{2}{m}}}{2a^{\frac{1}{m}} x^{\frac{1}{m}}}\right)$

Den Krümmungshalbmesser r finden wir aus der schon früher gebrauchten Formel $r = \frac{(dx^2+dy^2)^{\frac{3}{2}}}{dx\, d^2y}$. Es ist $\frac{dy}{dx} = \frac{x^{\frac{2}{m}} - a^{\frac{2}{m}}}{2a^{\frac{1}{m}} x^{\frac{1}{m}}}$ und daher d^2y

$$= dx^2 \left(\frac{x^{\frac{1-m}{m}}}{2ma^{\frac{1}{m}}} + \frac{a^{\frac{1}{m}}}{2mx^{\frac{1+m}{m}}} \right)$$ und also r $$= \frac{dx^3 \left(1 + \left(\frac{x^{\frac{2}{m}} - a^{\frac{2}{m}}}{2a^{\frac{1}{m}} x^{\frac{1}{m}}} \right)^2 \right)^{\frac{3}{2}}}{dx^3 \left(\frac{x^{\frac{1-m}{m}}}{2ma^{\frac{1}{m}}} + \frac{a^{\frac{1}{m}}}{2mx^{\frac{1+m}{m}}} \right)}$$

$$= \frac{\left(\frac{x^{\frac{2}{m}} + a^{\frac{2}{m}}}{2a^{\frac{1}{m}} x^{\frac{1}{m}}} \right)^3}{\left(\frac{x^{\frac{2}{m}} + a^{\frac{2}{m}}}{2ma^{\frac{1}{m}} x^{\frac{1+m}{m}}} \right)} = \frac{\left(x^{\frac{2}{m}} + a^{\frac{2}{m}} \right)^2 mx}{\left(2a^{\frac{1}{m}} x^{\frac{1}{m}} \right)^2}.$$ Nun war die Entfernung k der beiden Punkte $= \frac{x \left(x^{\frac{2}{m}} + a^{\frac{2}{m}} \right)}{2a^{\frac{1}{m}} x^{\frac{1}{m}}}$, folglich ist r auch hier $= \frac{mk^2}{x}$.

Man kann auch den Krümmungshalbmesser so ausdrücken r

$$= \frac{m}{4a^{\frac{2}{m}}} \left\{ x^{\frac{m+2}{m}} + 2a^{\frac{2}{m}} x + a^{\frac{4}{m}} x^{\frac{m-2}{m}} \right\}$$ Ist nun erstens $m < 2$ so wird dieser Ausdruck $$= \frac{m}{4a^{\frac{2}{m}}} \left\{ x^{\frac{m+2}{m}} + 2a^{\frac{2}{m}} x + \frac{a^{\frac{4}{m}}}{x^{\frac{2-m}{m}}} \right\}.$$ Für $x = 0$ giebt dies $r = \infty$. Für $x = a$ wird $r = ma$ und für $x = \infty$ wird auch r wieder $= \infty$. Um den Ort der größten Krümmung der Curve, oder den kleinsten Werth des Krümmungshalbmessers zu finden, suche man den Differentialquotienten desselben und setze ihn $= 0$.

Er ist $\frac{dr}{dx} = \frac{m}{4a^{\frac{2}{m}}} \left\{ \frac{m+2}{m} x^{\frac{2}{m}} + 2a^{\frac{2}{m}} - \frac{(2-m)\,a^{\frac{4}{m}}}{mx^{\frac{2}{m}}} \right\}$. Dies $= 0$ gesetzt giebt $x^{\frac{4}{m}} + \frac{2ma^{\frac{2}{m}} x^{\frac{2}{m}}}{m+2} = \left(\frac{2-m}{2+m}\right) a^{\frac{4}{m}}$ und wenn wir diese quadratische Gleichung auflösen, $x^{\frac{2}{m}} = -\frac{ma^{\frac{2}{m}}}{m+2} + a^{\frac{2}{m}} \sqrt{\left(\frac{2-m}{2+m} + \frac{m^2}{(m+2)^2}\right)}$

$= -\frac{ma^{\frac{2}{m}}}{m+2} + a^{\frac{2}{m}}\left(\frac{2}{m+2}\right) = a^{\frac{2}{m}}\left(\frac{2-m}{2+m}\right)$ und $x = a\left(\frac{2-m}{2+m}\right)^{\frac{m}{2}}$ und dies giebt in allen Fällen einen möglichen Werth von x, wofür r ein Kleinstes wird.

Hätten wir statt des positiven Wurzelzeichens das negative genommen, so würden wir $x^{\frac{2}{m}} = -a^{\frac{2}{m}}$ und $x = a(-1)^{\frac{m}{2}}$ gefunden haben. Dies wird für $m = \frac{r}{p}$ und $m = \frac{r}{n}$ unmöglich. Für $m = \frac{2r}{p}$ wird $x = -a$, wofür aber in diesem Fall die Ordinate unmöglich ist und für $m = \frac{2n}{p}$ giebt es einen scheinbar brauchbaren Werth für x, nehmlich $x = a$, welcher es jedoch in der That auch nicht ist, denn die Gleichung giebt eigentlich $\frac{dr}{dx} = 0$ für $x^{\frac{p}{n}} = -a^{\frac{p}{n}}$ und es ist in diesem Fall $y = \frac{nx^{\frac{2n-p}{2n}}}{a^{\frac{p}{2n}}} \left\{ \frac{x^{\frac{p}{n}}}{2n+p} - \frac{a^{\frac{p}{n}}}{2n-p} \right\}$. Setze ich nun $x^{\frac{p}{n}} = -a^{\frac{p}{n}}$ so wird $x^{\frac{2n-p}{2n}}$ unmöglich und folglich auch y für diesen Werth von x unmöglich. Setze ich also x gleich dem a welches aus der Multiplication zweier negativer gleicher Wurzeln entstanden ist, so wird dafür die Ordinate y unmöglich und der aus $\frac{dr}{dx}=0$ für x gefundne Werth $x=a\,(-1)^{\frac{m}{2}}$ ist auch in dem Falle, wenn $m=\frac{2n}{p}$ ist, nicht zu brauchen.

Deswegen haben wir, als wir aus $\frac{dr}{dx}=0$ einen Werth für x suchten, uns blos des positiven Wurzelzeichens bedient.

Ist zweitens $m=2$, so wird $r=\frac{(x+a)^2.\ 2x}{(2a^{\frac{1}{2}}x^{\frac{1}{2}})^2}=\frac{x^2+2ax+a^2}{2a}$. Dies giebt für $x=0$, $r=\frac{a}{2}$; für $x=a$, $r=2a$; für $x=\infty$, $r=\infty$. Um den kleinsten Werth des Krümmungshalbmesser zu finden, suche man wieder aus $\frac{dr}{dx}=0$ einen Werth für x. Es ist $\frac{dr}{dx}=\frac{1}{2a}\left\{2x+2a\right\}$ und dies $=0$ gesetzt, giebt $x=-a$, wofür r ein Kleinstes werden soll. Dafür wird aber y unmöglich. Hiernach gäbe es also keinen kleinsten Werth für r. Durch die Rechnung findet man jedoch, daß für $x=0$, r am kleinsten wird. Dies kommt aber daher, daß der Ausdruck für r auch für negative x, mögliche Werthe giebt, und daß er nicht zu gleicher Zeit anzeigt, daß für negative x die Ordinaten unmöglich werden. Der Ausdruck für den Krümmungshalbmesser wird also wirklich ein Kleinstes für $x=-a$, welcher Werth aber aus dem angeführten Grunde nicht zu gebrauchen ist. Der aus der Rechnung scheinbar sich ergebende kleinste Werth von r für $x=0$ ist aber nicht ein wirklich kleinster Werth der Funktion $\frac{(x+a)^2}{2a}$, sondern wird es blos durch die Beschaffenheit der Curve für diese letztere. Man findet ihn daher auch nicht aus $\frac{dr}{dx}=0$.

Ist drittens $m>2$ so wird $r=\frac{m}{4a^{\frac{2}{m}}}\left\{x^{\frac{m+2}{m}}+2a^{\frac{2}{m}}x+a^{\frac{4}{m}}x^{\frac{m-2}{m}}\right\}$. Für $x=0$ giebt dies $r=0$; für $x=a$, $r=ma$; für $x=\infty$, $r=\infty$; für $x=$

$= -a$, $r = -ma$ etc. Sucht man auch hier den kleinsten Werth für r aus $\frac{dr}{dx} = 0$, so findet man ihn wiederum $= \left(\frac{2-m}{2+m}\right)^{\frac{m}{2}} a$ oder $= a(-1)^{\frac{m}{2}}$. Diese beiden Ausdrücke werden unmöglich für $m = \frac{r}{p}$ und $m = \frac{r}{n}$, und es giebt also in diesen Fällen gar keinen kleinsten Werth für r. Dies kommt daher, weil für $x = -\infty$, r auch $= -\infty$ wird, dann immermehr zunimmt, für $x = 0$, auch null wird und ebenso wieder für positive x, positiv wird und bis ins Unendliche zunimmt. Also giebt es wirklich keinen kleinsten oder größten Werth dafür. Zwar giebt es wohl Funktionen, deren Werthe nimmer zunehmen, und die doch einen kleinsten Werth zu haben scheinen wie z. B. $a^2y = x^3$, wo $\frac{dy}{dx}$ für $x = 0$, null wird. Hier ist aber auch kein wirklich kleinster Werth, sondern es wird dadurch blos angedeutet, daß die Tangente an dem Punkt der Curve, wofür der Differentialquotient $= 0$ wird, mit der Abscissenaxe parallel ist und dies geschieht hier grade an einem Wendungspunkt. Ein wirklicher kleinster und größter Werth ist aber auch hier unmöglich, weil die Werthe der Funktion unendlich ab oder zunehmen.

Noch ist hier zu bemerken, daß es auffällig scheint, daß für $m = \frac{r}{n}$ (fig. 5) r $= 0$ für $x = 0$ wird, da hier ein Wendungspunkt ist, und bey diesem gewöhnlich $r = \infty$ wird. Jedoch ist hier der umgekehrte Fall. Bey den Wendungspunkten nehmlich wird gewöhnlich $r = \mp\infty$ und geht auf diese Art von der positiven Seite auf die negative über. Hier geschieht dieser Uebergang aber dadurch, daß aus $+0$, -0 wird, und daß diese Annahme richtig ist, erhellet daraus, daß für die nächstliegenden Werthe von x, r sehr klein wird, wovon man sich am leichtsten durch die Berechnung überzeuget.

Ist ferner $m = \frac{2n}{p}$ so wird der für ein kleinstes r gesuchte Werth von x negativ und ist daher nicht zu brauchen, weil dafür die Ordinaten unmöglich werden. Ist $m = \frac{2r}{p}$ so erhält man zwar 2 positive Werthe für x, die brauchbar scheinen, es aber wirklich nicht sind, welches eben so bewiesen wird, wie vorhin für $m < 2$. Daß es aber in diesen beiden Fällen keinen kleinsten oder größten Werth von r giebt, kommt wiederum daher, daß die Werthe davon unendlich ab- oder zunehmen. —

Um die Evolute zu bestimmen, so sei $vc = r$ für $af = x$, und daher v ein Punkt der Evolute. Nun sei $au = t$, $vu = u$, so ist, wenn wiederum N die Normale, S die Subnormale bezeichnet, $t = x - uf$ und $uf : vc = fw : cw$ oder $uf : r = S : N$ also $t = x - \frac{rS}{N} = x - \frac{(x^{\frac{2}{m}} + a^{\frac{2}{m}})^2}{(2a^{\frac{1}{m}} x^{\frac{1}{m}})^2} \cdot mx. \left(\frac{x^{\frac{2}{m}} - a^{\frac{2}{m}}}{x^{\frac{2}{m}} + a^{\frac{2}{m}}}\right)$

$$= x - \frac{mx(x^{\frac{2}{m}} - a^{\frac{2}{m}})(x^{\frac{2}{m}} + a^{\frac{2}{m}})}{(2a^{\frac{1}{m}} x^{\frac{1}{m}})^2} = x - \frac{mx(x^{\frac{4}{m}} - a^{\frac{4}{m}})}{4a^{\frac{2}{m}} x^{\frac{2}{m}}}$$ und ferner

$vu : vw = cf : cw$ oder $u : r + N = y : N$; also $u = y + \frac{ry}{N}$

$$= y + \frac{mx(x^{\frac{2}{m}} + a^{\frac{2}{m}})}{2a^{\frac{1}{m}} x^{\frac{1}{m}}} = \frac{mx^{\frac{m-1}{m}}}{2a^{\frac{1}{m}}} \left\{\frac{x^{\frac{2}{m}}}{m+1} - \frac{a^{\frac{2}{m}}}{m-1}\right\} + \frac{mx(x^{\frac{2}{m}} + a^{\frac{2}{m}})}{2a^{\frac{1}{m}} x^{\frac{1}{m}}}$$

$$= \frac{mx^{\frac{m-1}{m}}}{2a^{\frac{1}{m}}} \left\{\frac{x^{\frac{2}{m}}}{m+1} + x^{\frac{2}{m}} - \frac{a^{\frac{2}{m}}}{m-1} + a^{\frac{2}{m}}\right\}$$

$$= \frac{mx^{\frac{m-1}{m}}}{2a^{\frac{1}{m}}} \left\{\frac{x^{\frac{2}{m}}(m+2)}{m+1} + \frac{a^{\frac{2}{m}}(m-2)}{m-1}\right\}.$$ Für $m = 2$ giebt dies

$$= x - \frac{2x(x^2 - a^2)}{4ax} = \frac{a^2 + 2ax - x^2}{2a}$$ und $u = \frac{x^{\frac{1}{2}}}{a^{\frac{1}{2}}} \cdot \frac{4x}{3}$

$$= \frac{4x^{\frac{3}{2}}}{3a^{\frac{1}{2}}}.$$ Also $x = \left(\frac{3a^{\frac{1}{2}} u}{4}\right)^{\frac{2}{3}}$ und dies in die Gleichung für t gesetzt giebt t

$$= \frac{1}{2a} \left\{ a^2 + 2a \left(\frac{3a^{\frac{1}{2}} u}{4} \right)^{\frac{2}{3}} - \left(\frac{3a^{\frac{1}{2}} u}{4} \right)^{\frac{4}{3}} \right\}$$

$$= \frac{a}{2} + \frac{3^{\frac{2}{3}} a^{\frac{1}{3}} u^{\frac{2}{3}}}{4^{\frac{2}{3}}} - \frac{3^{\frac{4}{3}} a^{\frac{2}{3}} u^{\frac{4}{3}}}{2a.\, 4^{\frac{4}{3}}} = \frac{a}{2} + \frac{3u^{\frac{2}{3}}}{4a^{\frac{1}{3}}} \left\{ \frac{4^{\frac{1}{3}} a^{\frac{2}{3}}}{3^{\frac{1}{3}}} - \frac{3^{\frac{1}{3}} u^{\frac{2}{3}}}{2.\, 4^{\frac{1}{3}}} \right\}$$ eine

Gleichung für die Evolute, die mit der Gleichung für die Curve eine große Uebereinstimmung hat. — Ueberhaupt muß man in allen diesen Fällen aus einer der beiden für t und u gefundnen Gleichungen x durch t oder u ausgedrückt suchen, und den so gefundenen Werth in die andere Gleichung für u oder t substituiren, um die Evolute durch eine Gleichung zwischen t und u zu erhalten. Uebrigens findet man auch hier leicht, daß das Differential des Krümmungshalbmessers gleich ist dem Differential des Bogens der Evolute.

Dritter Hauptfall.

$$m < 1 \text{ oder } m = \frac{c}{d}$$

wo $\frac{c}{d}$ jeden beliebigen ächten Bruch bezeichnet.

Die allgemeine Formel für $m \gtrless 1$ war

$$y = \frac{mx^{\frac{m+1}{m}}}{2a^{\frac{1}{m}}(m+1)} - \frac{ma^{\frac{1}{m}} x^{\frac{m-1}{m}}}{2(m-1)} + C.$$

Setze ich hier $m = \frac{c}{d}$, so wird $y =$

$$= \frac{cx^{\frac{c+d}{c}}}{2a^{\frac{d}{c}}(c+d)} - \frac{ca^{\frac{d}{c}} x^{\frac{c-d}{c}}}{2(c-d)} + C = \frac{cx^{\frac{c+d}{c}}}{2a^{\frac{d}{c}}(d+c)} + \frac{ca^{\frac{d}{c}} x^{\frac{c-d}{c}}}{2(d-c)} + C$$ weil

$d > c$ ist. Nun soll für $x = a$, $y = o$ werden, folglich ist o

$$= \frac{ca^{\frac{c+d}{c}}}{2a^{\frac{d}{c}}\, d+c} + \frac{ca^{\frac{d}{c}}\, a^{\frac{c-d}{c}}}{2(d-c)} + C \text{ und } C = -\left(\frac{ca}{2(d+c)} + \frac{ca}{2(d-c)}\right)$$

$= \frac{-cda}{d^2-c^2}$. Verrücke ich nun die Abscissenaxe um $ad = \frac{cda}{d^2-c^2}$ weiter nach unten (fig. 6, 7, 8, 9.) so erhalte ich für die neue Abscissenaxe aw die Gleichung y

$$= \frac{cx^{\frac{c+d}{c}}}{2a^{\frac{d}{c}}(d+c)} + \frac{ca^{\frac{d}{c}}\, x^{\frac{c-d}{c}}}{2(d-c)} = \frac{c}{2a^{\frac{d}{c}}\, x^{\frac{d-c}{c}}} \left\{ \frac{x^{\frac{2d}{c}}}{d+c} + \frac{a^{\frac{2d}{c}}}{d-c} \right\},$$

weil wie schon erwähnt, $c < d$ ist. Auch hier finden wiederum die 4 für $m > 1$ angezeigten Fälle statt: nehmlich $\frac{c}{d}$ kann entweder seyn $= \frac{r}{p}$ oder $= \frac{2r}{p}$ oder $= \frac{2n}{p}$ oder $= \frac{r}{n}$, wo r, p, n dieselbe Bedeutung wie dort haben. Ist nun erstens $\frac{c}{d} = \frac{r}{p}$,

so wird $y = \frac{r}{2a^{\frac{p}{r}}\, x^{\frac{p-r}{r}}} \left\{ \frac{x^{\frac{2p}{r}}}{p+r} + \frac{a^{\frac{2p}{r}}}{p-r} \right\}$ und es wird $p-r$ eine grade Zahl, also der Faktor $\frac{r}{2a^{\frac{p}{r}}\, x^{\frac{p-r}{r}}}$ stets positiv für ein negatives und positives x, und ebenso auch $x^{\frac{2p}{r}}$ stets positiv. Folglich erhält y für dieselben positiven und negativen Werthe von x, dieselben positiven Werthe und eine negative Ordinate giebt es gar nicht. Für $x = o$ wird $y = \infty$; für $x = a$ wird $y = \frac{rpa}{p^2-r^2}$ und für $x = \infty$ wird y auch $= \infty$, weil $\frac{2p}{r} > \frac{p-r}{r}$ ist. Die Curve, die auf beiden Seiten der Ordinatenaxe gleich ist, erhält also die Gestalt fig. 6., deren Uebereinstimmung mit fig. 2., wofür m auch $= \frac{r}{p}$ sogleich in die Augen fällt.

Ist zweytens $\frac{c}{d}=\frac{2r}{p}$ so wird $y=\frac{r}{a^{\frac{p}{2r}}x^{\frac{p-2r}{2r}}}\left\{\frac{x^{\frac{p}{r}}}{p+2r}+\frac{a^{\frac{p}{r}}}{p-2r}\right\}$.

Hier wird nun für ein negatives x, $\frac{r}{a^{\frac{p}{2r}}x^{\frac{p-2r}{2r}}}$ und also auch y unmöglich, weil $p-2r$ eine ungrade Zahl ist. Für ein positives x aber erhält $x^{\frac{p-2r}{2r}}$ immer 2 Werthe und also erhält man für jedes positive x, zwey gleiche entgegengesetzte Werthe von y. Für $x=0$ wird wie vorhin $y=\mp\infty$. Fur $x=a$, y $\pm\frac{2rpa}{p^2-4r^2}$; für $x=\infty$, $y=\mp\infty$. Die Curve erhält also die Gestalt fig. 7. die mit fig. 3. übereinstimmt.

Ist drittens $\frac{c}{d}=\frac{2n}{p}$, so wird $y=\frac{n}{a^{\frac{p}{2n}}x^{\frac{p-2n}{2n}}}\left\{\frac{x^{\frac{p}{n}}}{p+2n}+\frac{a^{\frac{p}{n}}}{p-2n}\right\}$.

Es ist hier alles wie vorhin, nur daß $x^{\frac{p}{n}}$ sowohl wie $a^{\frac{p}{n}}$ stets zwey gleiche entgegengesetzte Werthe erhält. Nehme ich nun diese beiden Glieder des eingeschloßnen Factors mit entgegengesetzten Zeichen, oder ihrer Differenz, so erhalte ich eine Curve von der Gestalt ιδ und pn fig. 8. Nehme ich jedoch die Zeichen gleich, so erhalte ich die Summe der beiden Glieder, die also entweder negativ oder positiv seyn wird. Auf diese Art erhält y für ein positives x (für ein negatives x ist y unmöglich) stets zwei gleiche entgegengesetzte Werthe, wie im zweiten Fall, und die Curve erhält die Gestalt ibc und pxγ fig. 8. Da die beiden Glieder des eingeschloßnen Factors ganz gleichartig und correspondirend sind, so muß ich sie auch stets mit gleichen Zeichen nehmen, und daher gehören die Aeste ιδ, pn gar nicht hierher und die fig. 8. stimmt mit fig. 7. oder der zweite Fall, wo $m=\frac{2r}{p}$ mit dem dritten, wo $m=\frac{2n}{p}$ war, ganz überein und es ist für beide gemeinschaftlich $m=\frac{n}{p}$. Auch hier ist die Uebereinstimmung der fig. 4. und fig. 8. unverkennbar.

Für $m = \frac{r}{n}$ wird viertens $y = \frac{r}{2a^{\frac{n}{r}} x^{\frac{n-r}{r}}} \left\{ \frac{x^{\frac{2n}{r}}}{n+r} + \frac{a^{\frac{2n}{r}}}{n-r} \right\}$.

Hier wird $x^{\frac{2n}{r}}$ und $a^{\frac{2n}{r}}$ stets positiv und nur $x^{\frac{n-r}{r}}$ wird positiv oder negativ je nachdem x positiv oder negativ ist; y wird daher auch positiv oder negativ, je nachdem x positiv oder negativ ist und die negativen und positiven Werthe von y sind für dieselben negativen und positiven Werthe von x gleich. Für $x = 0$ wird $y = \mp \infty$; für $x = \mp a$ wird $y = \mp \frac{nra}{n^2 - r^2}$ und für $x = \mp \infty$ wird auch $y = \mp \infty$ Die Curve erhält also die Gestalt fig. 9., die wiederum ganz mit fig. 5. übereinstimmt.

Um die übrigen Eigenschaften dieser 3 Arten Curven zu finden, so können wir uns der allgemeinen Formel $y = \frac{c}{2a^{\frac{d}{c}} x^{\frac{d-c}{c}}} \left\{ \frac{x^{\frac{2d}{c}}}{d+c} + \frac{a^{\frac{2d}{c}}}{d-c} \right\}$ bedienen, und wir werden in allen Rücksichten eine Uebereinstimmung mit dem ersten und zweiten Hauptfall finden. Es erhellet leicht auch schon aus dem vorigen, daß y nie $= 0$ werden kann. Den kleinsten Werth von y finden wir wenn wir $\frac{dy}{dx}$ das ist $\frac{x^{\frac{2d}{c}} - a^{\frac{2d}{o}}}{2a^{\frac{d}{c}} x^{\frac{d}{c}}} = 0$ setzen. Dann ist $x^{\frac{2d}{c}} = a^{\frac{2d}{c}}$ und $x = a$. Für diesen Werth von x wird also y ein Kleinstes.

Um die Curve zu rectificiren, bedienen wir uns der gewöhnlichen Methode und setzen den Bogen der Curve $= s$. Es ist also $ds = dx \sqrt{\left(1 + \frac{dy^2}{dx^2}\right)}$

$$= \left(\frac{x^{\frac{2d}{c}} + a^{\frac{2d}{c}}}{2a^{\frac{d}{c}}\, x^{\frac{d}{c}}}\right) dx. \text{ Also } s = \int \frac{dx}{2a^{\frac{d}{c}}} \left\{x^{\frac{d}{c}} + \frac{a^{\frac{2d}{c}}}{x^{\frac{d}{c}}}\right\}$$

$$= \frac{1}{2a^{\frac{d}{c}}}\left\{\frac{cx^{\frac{d+c}{c}}}{d+c} - \frac{ca^{\frac{2d}{c}}}{(d-c)\,x^{\frac{d-c}{c}}}\right\} + \text{Const.}$$

$$= \frac{c}{2a^{\frac{d}{c}}\, x^{\frac{d-c}{c}}}\left\{\frac{x^{\frac{2d}{c}}}{d+c} - \frac{a^{\frac{2d}{c}}}{d-c}\right\} + \text{Const.} = y - \frac{ca^{\frac{d}{c}}}{(d-c)\,x^{\frac{d-c}{c}}} + \text{Const.}$$

Um nun einen bestimmten Anfangspunkt zu haben, so müssen wir hier den Bogen von b an rechnen. Es muß also für $x = a$, $s = o$ werden. Also ist o

$$= \frac{ca}{2}\left\{\frac{1}{d+c} - \frac{1}{d-c}\right\} + \text{Const} \text{ und Const.} = \frac{c^2a}{d^2-c^2}, \text{ folglich } s$$

$$= \frac{c}{2a^{\frac{d}{c}}\, x^{\frac{d-c}{c}}}\left\{\frac{x^{\frac{2d}{c}}}{d+c} - \frac{a^{\frac{2d}{c}}}{d-c}\right\} + \frac{c^2a}{d^2-c^2}.$$

Für $x = o$ giebt dies $s =$ $= -\infty$ und für $x = a$, $s = o$; für $x = \infty$, $s = \infty$.

Die Entfernung ce der beiden Punkte von einander, oder die auf die Ordinatenaxe bezogne Tangente ist $= \sqrt{(co^2 + co^2)}$. Nun ist oe: oc $= dy : dx$, folglich

$$oe = oc.\frac{dy}{dx} \text{ und } ce = x\sqrt{\left(1 + \frac{dy^2}{dx^2}\right)} = x\left\{\frac{x^{\frac{2d}{c}} + a^{\frac{2d}{c}}}{2a^{\frac{d}{c}}\, x^{\frac{d}{c}}}\right\}$$

$$= \frac{x^{\frac{c+d}{c}}}{2a^{\frac{d}{c}}} + \frac{a^{\frac{d}{c}}}{2x^{\frac{d-c}{c}}} = k.$$

Da nun $d > c$ ist, so wird diese Entfernung unendlich, für $x = o$; für $x = a$ wird k auch $= a$ und für $x = \infty$ wird $k = \infty$. Diese

Entfernung muß also einen kleinsten Werth haben. Nun ist $\frac{dk}{dx}$

$$= \frac{1}{2c}\left\{\frac{(c+d)\,x^{\frac{d}{c}}}{a^{\frac{d}{c}}} - \frac{(d-c)\,a^{\frac{d}{c}}}{x^{\frac{d}{c}}}\right\}$$ Dies $= o$ gesetzt, giebt x

$=\left(\frac{d-c}{d+c}\right)^{\frac{c}{2d}} a$ wofür k ein Kleinstes wird. Dieser Werth von x ist in allen 3 Fällen möglich.

Der Raum lafcbi wird durch $\int y dx$ angeben. Er ist also

$$= \int dx \left\{\frac{cx^{\frac{c+d}{c}}}{2a^{\frac{d}{c}}(d+c)} + \frac{ca^{\frac{d}{c}}\,x^{\frac{c-d}{c}}}{2(d-c)}\right\}$$

$$= \frac{c^2 x^{\frac{2c+d}{c}}}{2a^{\frac{d}{c}}(2c+d)(d+c)} + \frac{c^2 a^{\frac{d}{c}}\,x^{\frac{2c-d}{c}}}{2(2c-d)(d-c)} + \text{Const.}$$ Hier sind nun 3 Fälle zu unterscheiden. Ist erstens $2c > d$ oder $m > \frac{1}{2}$, so fällt die Constante hinweg, weil für $x = o$, der veränderliche Raum lafcbi $= o$ wird. In diesem Fall wird für $x = a$, der Raum lasbi $= \frac{c^2a^2}{2(2c+d)(d+c)} + \frac{c^2a^2}{2(2c-d)(d-c)}$

$$= \frac{c^2a^2}{2}\left\{\frac{3dc-2c^2-d^2+3dc+2c^2+d^2}{(4c^2-d^2)(d^2-c^2)}\right\} = \frac{3dc^3a^2}{(4c^2-d^2)(d^2-c^2)}.$$ Ist zweitens $2c = d$ oder $m = \frac{1}{2}$, so wird lafcbi $= \int dx \left\{\frac{x^3}{6a^2} + \frac{a^2}{2x}\right\}$

$= \frac{x^4}{24a^2} + \frac{a^2}{2}\log x + \text{Const.}$ Wenn wir nun den Raum von bs an rechnen, so muß der oben gefundene Ausdruck o werden für $x = a$. Also $\frac{a^2}{24} + \frac{a^2}{2}\log a = -C$, und es wird der Ausdruck des Raumes von bs an gerechnet $= \frac{x^4 - a^4}{24a^2} + \frac{a^2}{2} \cdot \log\frac{x}{a}$

Setzet man hier $x = o$ so erhält man den Raum lasbi $= -\infty$, und zwar negativ, weil bs als Anfang des veränderlichen Raumes angenommen worden ist.

Ist drittens $2c < d$ oder $m < \frac{1}{2}$ so wird der Ausdruck für den Raum

$$= \frac{c^2 x^{\frac{2c+d}{c}}}{2a^{\frac{d}{c}}(2c+d)(c+d)} - \frac{c^2 a^{\frac{d}{c}}}{2(d-2c)(d-c)x^{\frac{d-2c}{c}}} + \text{Const.}$$

Wenn wir auch hier bs zum Anfang des veränderlichen Raumes nehmen, so muß dieser Ausdruck $= 0$, für $x = a$ werden. Es ist also Const.
$$= \frac{c^2a^2}{2(d-2c)(d-c)} - \frac{c^2a^2}{2(2c+d)(c+d)} = \frac{c^2a^2}{2}\left\{\frac{6dc}{(d^2-4c^2)(d^2-c^2)}\right\},$$
also der vollständige Ausdruck des Raumes

$$\frac{c^2 x^{\frac{2c+d}{c}}}{2a^{\frac{d}{c}}(2c+d)(c+d)} - \frac{c^2 a^{\frac{d}{c}}}{2(d-2c)(d-c)x^{\frac{d-2c}{c}}} + \frac{3dc^3a^2}{(d^2-4c^2)(d^2-c^2)}.$$

Für $x = 0$, giebt dies den Raum lasbi $= -\infty$ und zwar aus demselben Grunde negativ, wie vorhin. Der zwischen dem Aste der Curve und der Asymptote liegende, unendlich in die Länge gedehnte Flächenraum ist also endlich, sobald $m > \frac{1}{2}$ ist, wie er es auch für $m = 1$ war.

Die Tangente an die Curven findet man aus $y\sqrt{\left(1+\frac{dx^2}{dy^2}\right)}$

$$= y\sqrt{\left(1+\left(\frac{2a^{\frac{d}{c}}x^{\frac{d}{c}}}{x^{\frac{2d}{c}}-a^{\frac{2d}{c}}}\right)^2\right)} = y\left(\frac{x^{\frac{2d}{c}}+a^{\frac{2d}{c}}}{x^{\frac{2d}{c}}-a^{\frac{2d}{c}}}\right)$$

die Subtangente $= \frac{ydx}{dy} = y\left(\frac{2a^{\frac{d}{c}}x^{\frac{d}{c}}}{x^{\frac{2d}{c}}-a^{\frac{2d}{c}}}\right)$

die Normale $= y\sqrt{\left(1+\frac{dy^2}{dx^2}\right)} = y\left(\frac{x^{\frac{2d}{c}} + a^{\frac{2d}{c}}}{2a^{\frac{d}{c}}x^{\frac{d}{c}}}\right)$

die Subnormale $= \frac{ydy}{dx} = y\left(\frac{x^{\frac{2d}{c}} - a^{\frac{2d}{c}}}{2a^{\frac{d}{c}}x^{\frac{d}{c}}}\right)$.

Die Formel zur Auffindung des Krümmungshalbmesser r ist $\frac{(dx^2+dy^2)^{\frac{3}{2}}}{dx.\,d^2y}$.

Nun ist $dy = \left(\frac{x^{\frac{d}{c}}}{2a^{\frac{d}{c}}} - \frac{a^{\frac{d}{c}}}{2x^{\frac{d}{c}}}\right)dx$, also $d^2y = dx^2\left(\frac{d.x^{\frac{d-c}{c}}}{2ca^{\frac{d}{c}}} + \frac{d.a^{\frac{d}{c}}}{2cx^{\frac{d+c}{c}}}\right)$

$= d\left\{\frac{x^{\frac{2d}{c}} + a^{\frac{2d}{c}}}{2ca^{\frac{d}{c}}x^{\frac{d+c}{c}}}\right\}dx^2$ und $r = \left(\frac{x^{\frac{2d}{c}} + a^{\frac{2d}{c}}}{2a^{\frac{d}{c}}x^{\frac{d}{c}}}\right)^3 \cdot \frac{2ca^{\frac{d}{c}}x^{\frac{d+c}{c}}}{d(x^{\frac{2d}{c}} + a^{\frac{2d}{c}})}$

$= \frac{cx}{d}\left(\frac{x^{\frac{2d}{c}} + a^{\frac{2d}{c}}}{2a^{\frac{d}{c}}x^{\frac{d}{c}}}\right)^2$. Die jedesmalige Entfernung k der beiden Punkte war

$= \left(\frac{x^{\frac{2d}{c}} + a^{\frac{2d}{2}}}{2a^{\frac{d}{c}}x^{\frac{d}{c}}}\right)x$. Also auch hier $r = \frac{c}{d} \cdot \frac{k^2}{x}$.

Man kann den Krümmungshalbmesser auch so ausdrücken: r

$$= \frac{c}{4da^{\frac{2d}{c}}}\left\{x^{\frac{2d+c}{c}} + 2a^{\frac{2d}{c}}x + \frac{a^{\frac{4d}{c}}}{x^{\frac{2d-c}{c}}}\right\}.$$

Für $x = 0$ wird $r = \infty$. Für $x = a$ wird $r = \frac{ca}{d}$ und für $x = \infty$ wird auch $r = \infty$. Man suche $\frac{dr}{dx}$ und setze es $= 0$, so wird der daraus hergeleitete Werth von x den Punkt der größten Krümmung der Curve geben. Es ist nun $\frac{dr}{dx}$

$$= \frac{c}{4da^{\frac{2d}{c}}} \left\{ \frac{2d+c}{c} x^{\frac{2d}{c}} + 2a^{\frac{2d}{c}} - \frac{(2d-c)a^{\frac{4d}{c}}}{cx^{\frac{2d}{c}}} \right\}.$$

Dies $= 0$ gesetzt giebt

$$(2d-c)a^{\frac{4d}{c}} = (2d+c)x^{\frac{4d}{c}} + 2ca^{\frac{2d}{c}} x^{\frac{2d}{c}}$$

oder

$$x^{\frac{4d}{c}} + \frac{2ca^{\frac{2d}{c}}}{(2d+c)} x^{\frac{2d}{c}} = a^{\frac{4d}{c}}\left(\frac{2d-c}{2d+c}\right)$$

und

$$x^{\frac{2d}{c}} = -\frac{ca^{\frac{2d}{c}}}{(2d+c)} + a^{\frac{2d}{c}}\sqrt{\left(\frac{2d-c}{2d+c} + \frac{c^2}{(2d+c)^2}\right)}$$

$$= -\frac{ca^{\frac{2d}{c}}}{(2d+c)} + a^{\frac{2d}{c}}\sqrt{\left(\frac{4d^2}{(2d+c)^2}\right)} = a^{\frac{2d}{c}}\left\{\frac{2d-c}{2d+c}\right\}$$

und x

$$= a\left\{\frac{2d-c}{2d+c}\right\}^{\frac{c}{2d}}.$$

Dies giebt immer einen möglichen Werth von x, für welchen der Krümmungshalbmesser ein kleinstes wird.

Gebraucht man das negative Wurzelzeichen, so erhält man auch $x = a(-1)^{\frac{c}{2d}}$. Jedoch dieser Werth ist nicht brauchbar, denn für $m = \frac{r}{p}$ und $m = \frac{r}{n}$ wird er unmöglich. Für $m = \frac{2r}{p}$ wird er negativ, und dafür wird y unmöglich und für $m = \frac{2n}{p}$ wird er zwar scheinbar brauchbar, ist es aber nicht, welches ebenso bewiesen wird, wie in dem zweiten Hauptfall, wenn $m > 1$ ist.

Um die Evolute zu bestimmen, so sei wiederum (fig. 6, 7, 8, 9) vc = r; für df = x und daher v ein Punkt der Evolute. Nun sei au = t, vu = u, so ist, wenn N die Normale, S die Subnormale bezeichnet, t = x − uf und uf : vc = fw : cw oder uf : r = S : N also

$$t = x - \frac{rS}{N} = x - \frac{cx}{d}\left\{\frac{x^{\frac{4d}{c}} - a^{\frac{4d}{c}}}{\left(2a^{\frac{d}{c}}x^{\frac{d}{c}}\right)^2}\right\}.$$

Ferner ist vu : vw = cf : cw oder u : r + N = y : N, also $u = y + \frac{ry}{N}$

$$= y + \frac{cx}{d}\left\{\frac{x^{\frac{2d}{c}} + a^{\frac{2d}{c}}}{2a^{\frac{d}{c}}x^{\frac{d}{c}}}\right\} = \frac{c}{2a^{\frac{d}{c}}x^{\frac{d-c}{c}}}\left\{\frac{x^{\frac{2d}{c}}}{d+c} + \frac{a^{\frac{2d}{c}}}{d-c} + \frac{x^{\frac{2d}{c}}}{d} + \frac{a^{\frac{2d}{c}}}{d}\right\}$$

$$= \frac{c}{2da^{\frac{d}{c}}x^{\frac{d-c}{c}}}\left\{\frac{x^{\frac{2d}{c}}(2d+c)}{d+c} + \frac{a^{\frac{2d}{c}}(2d-c)}{d-c}\right\}.$$

Aus diesen 2 Gleichungen müßte man x eliminiren um eine Gleichung für die Evolute zwischen u und A zu erhalten.

Dies wären die vorzüglichsten Eigenschaften dieser Curven, unter deren Eigenschaften wir die als eine der merkwürdigsten betrachten dürfen, daß sie durch ihre Subtangente rectificirt werden. Diese Untersuchungen ließen sich noch sehr erweitern und würden bald auf eine Menge verwandter Curven führen, die aber außer unserm Zweck liegen. Was die Anwendung der hier untersuchten Curven betrifft, so kommt sie im gemeinen Leben ziemlich häufig vor. Wenn z. B. ein Mensch auf einem graden Wege fortgeht, und ein anderer, der seitwärts von dem Wege befindlich ist, geht immer grade auf ihn zu, vorausgesetzt, daß beider Bewegungen gleichförmig sind, so beschreibt der zweite, je nachdem er eben so rasch, geschwinder oder langsamer als der erste geht, eine Curve entweder des ersten oder zweiten oder dritten Hauptfalls.

Auch in der Taktik kommt diese Curve vor und zwar auf eine Art, die der oben erwähnten ganz gleich ist. Wenn nämlich z. B. zwei Züge mit Distance hinter einander marschiren, und der zweite Zug soll während des Marsches links aufmarschiren, so beschreibt der rechte Flügelmann des zweiten Zuges, der immer auf den fortschreitenden linken Flügelmann des ersten Zuges seine Direction nimmt, eine der Curven der zweiten Art, weil er geschwinder gehen muß, als der linke Flügelmann des ersten Zuges. Da alle übrigen Personen des zweiten Zuges mit dem rechten Flügelmann desselben Zuges parallel gehen, so beschreiben auch sie eine verwandte Curve. Ueberhaupt findet das eben Gesagte bei allen Aufmärschen statt, die während des Marsches geschehen.

Zusätze.

I.

Einige Betrachtungen über den Werth des Krümmungshalbmessers der von Herrn von Prittwitz betrachteten Curven.

Einige wenige Nachträge zu den von dem Verfasser selbst gelieferten Bemerkungen, die sich mir bei dem Studium dieser krummen Linien dargeboten haben, werde ich hier noch beifügen.

1) Die Formel für den Krümmungshalbmesser $r = \frac{m.k^2}{x}$ läßt sich auch aus der unmittelbaren Betrachtung der vorausgesetzten Bewegung herleiten. Es sei (fig. 10.) PV ein sehr kleiner Bogen der Curve, an dessen Endpunkte die Tangenten PR, VS gezogen sind, und QS sei die Ordinatenaxe: so ist, zu Folge der Bedingungen der Aufgabe der eine Körper von P nach V gekommen, während der andre von R nach S fortgeht und es ist PV = m. RS, also, wenn ich den kleinen Bogen PV = ds nenne, RS = $\frac{1}{m} ds$. Da nun RVS der Krümmungswinkel ist, so wird der Krümmungshalbmesser durch $r = \frac{ds}{RVS}$ ausgedrückt, und zugleich ist sin RVS

$$= \frac{PQ}{PR} \cdot \frac{\frac{1}{m} \cdot ds}{VS}$$, oder weil RVS und PR — VS Differentialgrößen sind, RVS $$= \frac{PQ.\,ds}{m.\,PR^2} = \frac{x\,ds}{m.\,k^2}$$, woraus $r = \frac{mk^2}{x}$ folgt.

2) Die Untersuchung des Verfassers über die Fälle, da der Krümmungshalbmesser entweder $= 0$ oder $= \infty$ wird, ist völlig erschöpfend; aber es ist vielleicht nicht überflüssig, die anscheinenden Sonderbarkeiten etwas näher zu betrachten, die hiebei vorkommen. Für $m > 2$, soll $r = 0$ werden, wenn $x = 0$ ist und gleichwohl scheint die Gestalt der Curve im Allgemeinen dieselbe, wie in fig. 2. 3. 5. zu bleiben. Daß die Behauptung ganz richtig ist, davon überzeugt man sich leicht, wenn man für irgend einen bestimmten Fall die Krümmungshalbmesser bestimmt berechnet; denn da findet sich, daß für sehr kleine x auch r klein ist und sich dem Werthe $= 0$ nähert, obgleich x viel schneller als r abnimmt. Um aber die Sache vollständiger zu übersehen, scheint mir folgende Betrachtung zu dienen, welche zeigt, daß der Punkt, wo $x = 0$ ist, als ein verschwindender Knoten oder eine verschwindende Spitze anzusehen sei.

Für $m = 4$ wird die Hauptgleichung $y = 2. \frac{x^{\frac{3}{4}}}{a^{\frac{1}{4}}} \left(\frac{1}{5} x^{\frac{1}{2}} - \frac{1}{5} a^{\frac{1}{2}} \right)$,

wir könnten uns also eine allgemeine Form der Gleichung, etwa y

$$= 2. \frac{x^{\frac{1}{12}} (x - b)^{\frac{2}{3}}}{a^{\frac{1}{4}}} \left(\frac{1}{5} x^{\frac{1}{2}} - \frac{1}{5} a^{\frac{1}{2}} \right)$$, denken, aus welcher die vorige entsteht, wenn $b = 0$ ist. Die in der letzten Gleichung dargestellte Curve hat die Figur, wie fig. 12. und es ist offenbar, daß der Knoten sich desto enger zusammen zieht, je kleiner b wird. Verschwindet b, so ist fig. 11. die Curve, welche der Voraussetzung $m = 4$ entspricht und hier ist folglich A ein vielfacher Punkt, der den verschwindenden Knoten darstellt.

Eine ähnliche Betrachtung ließe sich anstellen, wenn die beiden Aeste deren Krümmungshalbmesser in A, $= 0$ ist, sich so begegnen, daß sie einen Wendungspunkt bilden, wie es der Fall ist, wenn m die Form $\frac{2n + 1}{2k}$ hat und > 2 ist.

3) Die Gleichung für die Evolute derjenigen unsrer Curven für welche $m=2$ ist, hat so viele Aehnlichkeit mit der allgemeinen Gleichung für die Curven, denen die Abhandlung gewidmet ist, daß es fast scheinen könnte, als gehöre sie selbst mit zu ihnen. Es war nämlich für die Evolute

$$t=\frac{1}{2}a+\frac{3}{4}\frac{u^{\frac{2}{3}}}{a^{\frac{1}{3}}}\left\{\left(\frac{4}{3}\right)^{\frac{1}{3}}.\,a^{\frac{2}{3}}-\frac{1}{2}\left(\frac{3}{4}\right)^{\frac{1}{3}}\cdot u^{\frac{2}{3}}\right\},$$ oder wenn ich

$\frac{1}{2}a-t=w$ setze, $$w=\frac{u^{\frac{2}{3}}}{a^{\frac{1}{3}}}\left\{\frac{1}{2}\left(\frac{3}{4}\right)^{\frac{4}{3}}\cdot u^{\frac{2}{3}}-\left(\frac{3}{4}\right)^{\frac{2}{3}}a^{\frac{2}{3}}\right\}.$$

Eine dieser fast ganz ähnliche Gleichung erhält man für die Ordinate unserer Curven, wo $y=\frac{m}{2}\cdot\frac{x^{\frac{m-1}{m}}}{a^{\frac{1}{m}}}\cdot\left\{\frac{x^{\frac{2}{m}}}{m+1}-\frac{a^{\frac{2}{m}}}{m-1}\right\}$ war, in dem Falle, da $m=3$ ist. Denn alsdann wird $y=\frac{x^{\frac{2}{3}}}{a^{\frac{1}{3}}}\left\{\frac{1}{2}\cdot\frac{3}{4}x^{\frac{2}{3}}-\frac{3}{4}{}^{\frac{2}{3}}\right\}$ und diese Curve ist also von demselben Geschlechte, wie jene Evolute, von welcher sie sich nur in Rücksicht auf die Verhältnisse ihrer einzelnen Theile unterscheidet. Die Eigenschaft aber, aus welcher wir unsere Curve bestimmt haben, hängt grade an diesem Verhältnisse der einzelnen Theile oder an dem Verhältnisse der in der Gleichung vorkommenden Coefficienten und die Evolute gehört nicht zu ihnen. Versucht man dennoch, den Bogen der Evolute durch die Subtangente auszudrücken, so ergiebt sich der Bogen $s=\left(\frac{3}{4}\right)^{\frac{4}{3}}\cdot\frac{u^{\frac{4}{3}}}{2a^{\frac{1}{3}}}+\left(\frac{3}{4}\right)^{\frac{2}{3}}\cdot a^{\frac{2}{3}}.\,u^{\frac{1}{3}}.$ und die Subtangente

$$\frac{udw}{du} = \frac{1}{2}\left(\frac{3}{4}\right)^{\frac{1}{3}} \cdot \frac{u^{\frac{4}{3}}}{a^{\frac{1}{3}}} - \frac{1}{2}\left(\frac{4}{3}\right)^{\frac{1}{3}} a^{\frac{1}{3}} . u^{\frac{2}{3}} . \text{ alſo}$$

$s = \frac{5}{4} \cdot \text{Subtang.} + \frac{3}{2}\left(\frac{3}{4}\right)^{\frac{2}{3}} \cdot a^{\frac{1}{3}} . u^{\frac{2}{3}}$. Dieſer unbequeme Werth wird ganz einfach, wenn man die Abſciſſe der zu unſrer Evolute gehörigen, nämlich durch ihre Abwickelung entſtandenen Curve hineinbringt. Denn, nach dem in der vorigen Abhandlung ſchon Erwieſenen, iſt, wenn die Abſciſſe x dem Puncte der Curve entſpricht, der bei der Abwickelung mit dem durch u beſtimmten Puncte der Evolute zuſammen gehört $x = \left(\frac{3}{4}\right)^{\frac{2}{3}} . a^{\frac{1}{3}} . u^{\frac{2}{3}}$. alſo $s = \frac{3}{4} \cdot \text{Subtang.} + \frac{3}{2} . x$. eine Formel an die ſich eine ziemlich verwickelte Aufgabe knüpfen ließe, wenn man nämlich ſie als Bedingung für eine zu findende Curve aufſtellte.

II.

Einige andere krumme Linien, deren Bogen ſich leicht durch die Subtangente ausdrücken laſſen.

1) **Aufgabe:** Eine Curve zu finden, deren Bogen $s = m\sqrt{\{y^2 + \text{Subtang.}^2\}}$ = dem mfachen der Tangente der Curve ſei.

Auflöſung. Die Gleichung $s = my\sqrt{\left(1 + \frac{dx^2}{dy^2}\right)}$ giebt ſogleich $s = \frac{my\,ds}{dy}$, oder $s = \frac{y^{\frac{1}{m}}}{a^{\frac{1}{m} - 1}}$, folglich $\frac{1}{m^2} \cdot \frac{y^{\frac{2}{m} - 2}}{a^{\frac{2}{m} - 2}} = 1 + \frac{dx^2}{dy^2}$;

$dx = dy\sqrt{\left\{\frac{1}{m^2}\cdot\left(\frac{y}{a}\right)^{\frac{2}{m}-2} - 1\right\}}$ eine Gleichung, die sich für mehrere Werthe von m leicht integriren läßt.

Ist $m = 1$, so ist die Linie grade.

Erstes Beispiel.

Für $m = 2$ wird $dx = dy\sqrt{\left\{\frac{1}{4}\cdot\frac{a}{y} - 1\right\}}$

also wenn ich $y = \frac{1}{4} a \sin^2\varphi$ setze, $dx = \frac{1}{2}a \cos^2\varphi . d\varphi$. oder dx

$= \frac{1}{4}a\varphi + \frac{1}{4}a\, d\varphi .\cos 2\varphi$, $x = \frac{1}{4}a\,\varphi + \frac{1}{8}a.\sin. 2\varphi$.

Die gesuchte Curve ist also eine Cycloide.

Zweites Beispiel.

Für $m = \frac{1}{2}$ wird $dx = \frac{dy}{a}\sqrt{\left\{4. y^2 - a^2\right\}}$ das Integral hiervon läßt sich am leichtsten finden, indem man die Formel auf zwei verschiedenen Wegen unvollständig auflöset. Man findet nämlich $\int\frac{dy}{a}\sqrt{\left\{4y^2 - a^2\right\}}$

$= \frac{y}{a}\sqrt{\left\{4y^2 - a^2\right\}} - \int\frac{4y^2\,dy}{a\sqrt{(4y^2 - a^2)}}$ und auch $\int\frac{dy}{a}\sqrt{(4y^2 - a^2)}$

$= \int\frac{4y^2 dy}{a\sqrt{(4y^2 - a^2)}} - \int\frac{a\,dy}{\sqrt{(4y^2 - a^2)}}$

$= \int\frac{4y^2 dy}{a\sqrt{(4y^2 - a^2)}} + a\log\sqrt{(2y - \sqrt{(4y^2 - a^2)})}$ und folglich ist $\int\frac{4y^2 dy}{a\sqrt{(4y^2 - a^2)}}$

$= \frac{1}{2}\frac{y}{a}\sqrt{(4y^2 - a^2)} - \frac{1}{4}a\log(2y - \sqrt{(4y^2 - a^2)})$

$x = \text{Const} + \frac{1}{2}\frac{y}{a}\sqrt{(4y^2 - a^2)} + \frac{1}{4}a\log(2y - \sqrt{(4y^2 - a^2)})$ Soll also x verschwinden, wenn $y = \frac{1}{2}a$ ist, so wird x

$= \frac{1}{2}\frac{y}{a}\sqrt{(4y^2 - a^2)} + \frac{1}{4}a.\log.\frac{2y - \sqrt{(4y^2 - a^2)}}{a}$.

Aus dieser Gleichung erhellt sogleich, daß x nur dann einen möglichen Werth erhält, wenn $y > \frac{1}{2}a$ ist; für $y = \frac{1}{2}a$ ist $x = 0$.

Der Bogen der Curve wird durch $s = \frac{y^2}{a}$ ausgedrückt, oder wenn man den Bogen von da an rechnen will, wo $x = 0$ ist, durch $s + \frac{1}{4}a = \frac{y^2}{a}$. Es ist also bei dieser Curve die Ordinate y allemal die mittlere Proportionallinie zwischen $s + \frac{1}{4}a$ und a.

Aus dieser Eigenschaft läßt sich errathen, daß diese unbekannt scheinende Curve wenigstens mit einer sehr bekannten Linie in naher Beziehung stehe; denn eben diese Eigenschaft, die hier die Ordinate in Vergleichung mit dem Bogen hat, findet man bei der Kettenlinie für die Ordinate in Vergleichung mit dem Krümmungshalbmesser. Hieraus erhellt, daß unsre Curve die Evolute der Kettenlinie sei. Der Beweis hiefür läßt sich leicht vollständig führen. Setzt man nämlich für die Curve, die aus der Abwickelung der hier betrachteten entsteht, die Länge des abgewickelten Fadens $= s + \frac{1}{4}a = \frac{y^2}{a}$ und für die so entstehende Curve die Coordinate t und u, unsern Coordinaten x und y parallel und von eben dem Punkte anfangend, so ist $u = y - (s + \frac{1}{4}a)\frac{dy}{ds}$, $t = x - (s + \frac{1}{4}a)\frac{dx}{ds}$ also $u = \frac{1}{2}y$, weil $\frac{dy}{ds} = \frac{a}{2y}$ ist; $t = x - \frac{y\sqrt{(4y^2 - a^2)}}{2a}$, weil $\frac{dx}{ds} = \frac{dy}{ds}\frac{\sqrt{(4y^2 - a^2)}}{a}$ ist, oder t $= + \frac{1}{4}a \log\left(\frac{2y - \sqrt{(4y^2 - a^2)}}{a}\right)$; das ist t $= \frac{1}{4}a \log\left\{\frac{4u - \sqrt{[16u^2 - a^2]}}{a}\right\}$ oder wenn ich $\frac{1}{4}a = h$ nenne, t $= h.\log\left\{\frac{u - \sqrt{(u^2 - h^2)}}{h}\right\}$ die Gleichung für die Kettenlinie.

Die Gleichung, welche wir für die Evolute der Kettenlinie gefunden haben, zeigt, daß diese Curve zwei unendliche Aeste hat, die sich den Aesten einer gewöhnlichen Parabel deren Parameter $= a$ ist unendlich nähern. Unsere Gleichung läßt sich nämlich auch so ausdrücken:

$x = \frac{1}{2}\frac{y}{a}\sqrt{(4y^2 - a^2)} - \frac{1}{4}a \log\left(\frac{2y + \sqrt{(4y^2 - a^2)}}{a}\right)$ und diese giebt, wenn y unendlich wird $x = \frac{y^2}{a} - \frac{1}{4}a \log\frac{4y}{a}$. Aber hier kann das letzte Glied in Vergleichung gegen das erste weggelassen werden, da log. y schon gegen y, noch vielmehr also gegen y^2 verschwindet, wenn y sehr groß ist.

Der Krümmungshalbmesser der gefundenen Curven wird $= \frac{ds^3}{dy . d^2x}$ $= \frac{2y^2}{a^2}\sqrt{(4y^2 - a^2)}$.

2te Aufgabe. Eine Linie zu finden, deren Bogen $= \frac{a. \text{Subtg.}}{\text{Ordin.}}$ sei.

Auflösung. Diese Forderung giebt $s = \frac{a dx}{dy}$, also wenn ich hier $\frac{dx}{dy} = p$ setze, und dy als constant annehme, $ds = dy\sqrt{(1 + p^2)} = a dp$, y $= \text{Const} - a \log(-p + \sqrt{(1 + p^2)}) = \text{Const} + a \log(p + \sqrt{(1 + p^2)})$, wo die Const wegfällt, wenn $p = 0$ sein soll für $y = 0$.

Diese Gleichung giebt $e^{y:a} = \frac{dx + ds}{dy}$ also $x + a = a. \; e^{y:a}$;

Aber $p + \sqrt{(1 + p^2)} = e^{y:a}$ giebt auch $p = \frac{1}{2}e^{y:a} - e^{-y:a} = \frac{dx}{dy}$, also x $= \frac{1}{2}a. \; e^{y:a} + \frac{1}{2}a. \; e^{-y:a}$ oder $e^{y:a} = \frac{x}{a} \pm \sqrt{\left(\frac{x^2}{a^2} - 1\right)}$

$y = a \log\left(\frac{x \pm \sqrt{(x^2 - a^2)}}{a}\right)$. welches die Gleichung für die Kettenlinie ist.

3te Aufgabe. Linien zu finden, deren Bogen durch $s = a\left(1 + \frac{\text{Subtang.}^2}{\text{Ordin.}^2}\right)^m$ ausgedrückt wird.

Auflösung. Diese Gleichung giebt $s = a\left(1+\frac{dx^2}{dy^2}\right)^m = a\frac{ds^{2m}}{dy^{2m}}$,

also $dy = ds.\left(\frac{a}{s}\right)^{\frac{1}{2m}}$, $y = \frac{2m}{2m-1} \cdot s.\left(\frac{a}{s}\right)^{\frac{1}{2m}}$, wenn s mit y zugleich verschwinden soll.

Dieser Werth giebt $s = \sqrt[2m-1]{\left(\frac{\left(\frac{2m-1}{2m}.y\right)^{2m}}{a}\right)} = a\left(1+\frac{dx^2}{dy^2}\right)^m$,

also $1+\frac{dx^2}{dy^2} = \left(\frac{(2m-1)^2.y^2}{4m^2a^2}\right)^{\frac{1}{2m-1}}$,

$\frac{dx}{dy} = \sqrt{\left\{-1+\left(\frac{(2m-1)y}{2ma}\right)^{\frac{1}{2m-1}}\right\}}$.

Diese Gleichung läßt sich nur dann bequem auflösen, wenn 2m eine ungrade ganze Zahl ist.

Erstes Beispiel. Es sei $m = \frac{3}{2}$, so ist $dx = dy\sqrt{\left\{-1+\frac{2}{3}\frac{y}{a}\right\}}$ also $x = \text{Const.} + a\left(-1+\frac{2}{3}\frac{y}{a}\right)^{\frac{3}{2}}$ wenn x verschwinden soll, für $y = \frac{3a}{2}$. Hier braucht man nur $-a+\frac{2}{3}y = u$ zu setzen, um sogleich zu sehen, daß diese Gleichung, die dann in $x^2 = \frac{u^3}{a}$ übergeht, der Neilischen Parabel, oder der Evolute der Apollonischen Parabel zugehört.

Zweites Beispiel. m sei $= -\frac{1}{2}$, so wird $s\,ds = a\,dy$, also $s^2 = 2ay$, und vermöge der Gleichung $s^2 = \frac{a^2}{1+\frac{dx^2}{dy^2}} = 2ay$ ist $\frac{a}{2y} - 1 = \frac{dx^2}{dy^2}$

$dx = dy\sqrt{\left(\frac{a-2y}{2y}\right)}$.

Setzt man hier $v^2 = \frac{a}{2y} - 1$, so geht diese Gleichung über in

$$dx = -\frac{av^2 dv}{(1+v^2)^2} = -\frac{adv}{(1+v^2)^2} + \frac{adv}{1+v^2};$$

$$\text{also } x = -y\sqrt{\left(\frac{a}{2y} - 1\right)} + \frac{1}{2}a.\ \text{Arc. tang.}\sqrt{\left(\frac{a}{2y} - 1\right)};$$

$$\text{aber } \frac{1}{2}a.\ \text{Arc. tang.}\sqrt{\left(\frac{a}{2y} - 1\right)} = \frac{1}{2}a.\ \text{Arc. cos.}\sqrt{\frac{2y}{a}}$$

$$= \frac{1}{4}a.\ \text{Arc. sin. } 2.\sqrt{\frac{2y}{a}}\sqrt{\left(1 - \frac{2y}{a}\right)}$$

$$= \frac{1}{4}a.\ \text{Arc. sin.}\frac{\sqrt{\left(\frac{1}{2}ay - y^2\right)}}{\frac{1}{4}a}$$

$$\text{also } x = -\sqrt{\left(\frac{1}{2}ay - y^2\right)} + \frac{1}{4}a.\ \text{Arc. sin.}\left\{\frac{\sqrt{\left(\frac{1}{2}ay - y^2\right)}}{\frac{1}{4}a}\right\},$$

welches die sehr bekannte Gleichung für die Cycloide ist.

Es ließen sich zwar noch viele andre Voraussetzungen über die Art, wie der Bogen durch die Subtangente solle bestimmt werden, annehmen; aber die meisten führen, wenn auch die Voraussetzungen einfach scheinen, auf sehr verwickelte Rechnungen, bei denen zu verweilen, die Mühe nicht belohnen würde. Ich gehe daher lieber zu den Curven über, die aus ähnlichen mechanischen Betrachtungen hergeleitet werden, wie die sind, welche Hr. v. Prittwitz bei den von ihm untersuchten Curven zum Grunde legte.

$$dz = \frac{-1}{2} \cdot \frac{dq}{q^2} e^{m(\log.q)^2} - \frac{1}{2} dq.\ e^{m.(\log.q)^2}.$$

Da nun $(\log.q)^2 = \left(-\log.\frac{1}{q}\right)^2$ ist, so ist auch

$$dz = \frac{-1}{2} dq.\ e^{m(\log.q)^2} + \frac{1}{2} \cdot d.\frac{1}{q} e^{m.\left(-\log\frac{1}{q}\right)^2}.$$

Setze ich hier $u = \frac{-1}{2m} - \log.q$ und $u' = \frac{+1}{2m} + \log.\frac{1}{q}$ so ist

$$(\log.q)^2 = u^2 + \frac{u}{m} + \frac{1}{4m^2};\ \left(-\log\frac{1}{q}\right)^2 = u'^2 - \frac{u'}{m} + \frac{1}{4m^2};$$

$$dq = -q.\ du = -du.\ e^{-u - \frac{1}{2m}}\quad d.\frac{1}{q} = +du'.\ e^{+u' - \frac{1}{2}m};$$

folglich $dz = \frac{1}{2} du.\ e^{mu^2 - \frac{1}{4m}} + \frac{1}{2} du'.\ e^{mu'^2 - \frac{1}{4m}}$;

$$dz = \frac{1.}{2.\ e^{\frac{1}{4m}}} \left\{ du.\ e^{mu^2} + du'.\ e^{mu'^2} \right\}.$$

Das Integral $du.\ e^{mu^2}$ ist eine eigne transscendente Größe, die sich leicht in folgende Reihe auflösen läßt.

$\int du.\ e^{mu^2} = u.\ e^{mu^2} \left\{ 1 - \frac{2m.\ u^2}{1.3} + \frac{4m^2 u^4}{1.3.5} - \frac{8.\ m^3 u^6}{1.3.5.7} + - \text{etc.} \right\}$ Diesem Integrale sollte eigentlich eine Constante beigefügt werden, deren wir aber nicht bedürfen, wenn das Integral z da anfangen soll, wo log. q verschwindet; denn dort werden die Werthe der Integrale $\int du.\ e^{mu^2}$ und $\int du'.\ e^{mu'^2}$ gleich, erhalten aber entgegengesetzte Zeichen, so daß die Summe der beizufügenden beständigen Größe für z verschwindet.

Für negative Werthe von m hat Kramp in seiner analyse des refractions astronomiques eine Tafel berechnet, weshalb ich hier nichts weiter über diesen Gegenstand hinzufüge, sondern mich jener Tafel in der Folge bedienen werde.

3. Aufgabe. Es bewege sich auf der graden Linie AC (fig. 13.) ein anziehender Körper gleichförmig fort, und ein von ihm angezogener Körper S, welcher in B ruhte, als jener von A an sich zu bewegen und ihn zur Bewegung anzutreiben

Es läßt sich aus der Natur der Sache voraussehen, daß $y = o$ werden muß für $p = o$ und die Formel $y = h. e^{-\frac{ag}{c^2}\left[\log \frac{1+\sqrt{(1+p^2)}}{p}\right]}$, welche dann $y = h. c^{-\frac{ag}{c^2}. \infty}$ giebt, zeigt dieses auch. Etwas mehr Schwierigkei hat es, den Werth von x für $p = o$ zu bestimmen. Da ist diesem Falle die Integrale $\int du\, e^{mu^2}$ und $\int du'. e^{mu'^2}$ bis $u = u' = \infty$ genommen werden sollen, so ist die Summe $\int du. e^{-\frac{ag}{c^2}u^2} + \int du'. e^{-\frac{ag}{c^2}u'^2} = c\sqrt{\frac{\pi}{ag}}$, nach Laplace Mecanique celeste Libr. X. nro. 5. und $x = \frac{y}{p} + \frac{1}{2} h. e^{\frac{c^2}{4ag}} c.\sqrt{\frac{\pi}{ag}}$.

Das erste Glied dieses Werthes scheint $\frac{o}{o}$ zu werden, aber es bedarf keiner weitläuftigen Rechnung, um zu übersehen, daß $y = \frac{h}{e^{\infty}}$ ein unendlich Kleines einer weit höhern Ordnung als $p = o = \frac{1}{\infty}$ ist, daß also $\frac{y}{p}$ verschwindet. Wir haben also für $p = o$, $x = \frac{1}{2} h. e^{\frac{c^2}{4ag}}. c. \sqrt{\frac{\pi}{ag}}$, und dieses ist der Punkt, wo der angezogene Körper sich mit dem anziehenden vereinigt.

Ich setze hieher die zusammengehörenden Werthe von p, x, y, v für einige Punkte der Curve, um dadurch ihre Natur etwas mehr ins Licht zu setzen. Hier ist als einzelner Fall $ag = c^2$ angenommen.

p	y	x	v
— ∞	h	o	o
— 10	0, 9901. h	0, 0008. h.	0, 1995. c.
— 1	0, 4599. h.	0, 3137. h.	1, 7624. c.
— 0, 7.	0, 2637. h.	0, 5484. h.	2, 3080. c.
— 0, 5	0, 1244. h.	0, 7821. h.	2, 887. c.
— 0, 3	0, 0252. h	1, 0281. h.	3, 838. c.
— 0, 1	0, 000125. h.	1, 1364. h.	5, 996. c.
— 0, 01	0, 000000 0000006. h,	= = =	10, 61. c.
0	0	1, 1379. h.	∞.

Zufolge der vorigen Ausdrücke wird v durch $v = \frac{2ag}{c}\log\left(\frac{1+\sqrt{(1+p^2)}}{p}\right)$ ausgedrückt, also $ds = vdt = \frac{2ag}{c^2}\cdot\frac{ydp}{p^2}\log\left(\frac{1+\sqrt{(1+p^2)}}{p}\right)$.
oder wenn ich $\frac{1+\sqrt{(1+p^2)}}{p} = q$ setze,

$$ds = \frac{2agh}{c^2}\, e^{-\frac{ag}{c^2}(\log q)^2} .\ \log.\ q.\ \left\{-\frac{1}{2}\frac{dq}{q^2} - \frac{1}{2}dq\right\},$$

das ist $ds = \frac{gah}{c^2}\left\{-d.\frac{1}{q}.\log.\frac{1}{q}.\ e^{-\frac{ag}{c^2}\left(\log\frac{1}{q}\right)^2} - dq.\log q.\ e^{-\frac{ag}{c^2}(\log q)^2}\right\}$;

$$\text{und } s = \text{Const} + \frac{1}{2}h.\ e^{\frac{-ag}{c^2}(\log.q)^2}\left\{\frac{1+q^2}{q}\right\}$$

$$-\frac{1}{2}h.\ e^{\frac{c^2}{4ag}}.\ \left\{\int du.\ e^{\frac{-ag}{c^2}u^2} - \int du'.\ e^{\frac{-ag}{c^2}u'^2}\right\}$$

wenn $u + \frac{c^2}{2ag} = \log.q$ und $u' - \frac{c^2}{2ag} = \log q = -\log.\frac{1}{q}$ ist.

Der jedesmalige Abstand der Körper von einander ist $SK = \frac{y\sqrt{(1+p^2)}}{p} = k$ und folglich aus Gründen, die sich mit Hülfe von fig. 10. leicht übersehen lassen, der Krümmungshalbmesser $r = \frac{vk^2}{c.y}$ weil $RS = cdt = \frac{c\,ds}{v}$ ist. Es ist also

$r = \frac{vy.}{c.p.}(1+p^2) = 2.\frac{\sqrt{ag}}{c}.\left(\frac{1+p^2}{p^2}\right).\ y\sqrt{\log\frac{h}{y}}.$ und r verschwindet daher, wenn p und y verschwinden; denn $\log\frac{h}{y}$ ist

$= \frac{ag}{c^2}\left(\log\frac{1+\sqrt{(1+p^2)}}{p}\right)^2$, also

$$r = \frac{2ag}{c^2}.\ \left(\frac{1+p^2}{p^2}\right).\log\left(\frac{1+\sqrt{(1+p^2)}}{p}\right).\ h.\ e^{-\frac{ag}{c^2}\left(\log\frac{1+\sqrt{(1+p^2)}}{p}\right)^2};$$

Hier wird für das bis auf o abnehmende negative p, die Größe $\frac{1-\sqrt{(1+p^2)}}{-p} = 0$, also $\log\frac{1-\sqrt{(1+p^2)}}{-p} = -\infty$ und wir könnten r etwa ausdrücken durch $r = \frac{2ag}{c^2}.\ \frac{\infty^2.\ \infty.\ h}{e^{\infty^2}}$, welcher offenbar verschwindet.

Es ließen sich an diese Untersuchung Betrachtungen knüpfen über die scheinbare Bewegung eines solchen Körpers, der wie S sich dem mit k fortrückenden Beobachter nähert. Wäre k die Erde, so könnte man während einiger Minuten, ja selbst während einiger Stunden den Weg welchen sie auf ihrer Bahn zurücklegt, als gradlinigt ansehn und ein kleiner Körper, der bloß den Gesetze der Attraction folgte, würde, indem er sie selbst nicht merklich aus ihrer Bahn rücken kann, eine Curve, der BS ziemlich ähnlich, durchlaufen. Wenn die Feuerkugeln solche Körper wären, so müßten die scheinbaren Bahnen derselben allemal Stücke größter Kreise sein, welche, wenn man sie um den ganzen Himmel fortzeichnete, durch den Punct der Ecliptik gingen, gegen welche die Erde sich grade zu bewegt. Fände sich dies wirklich so, so ließe sich nun bestimmen, wie ihre scheinbare Schnelligkeit in gewissen Fällen zu- oder abnehmen müßte, und diese Betrachtungen ließen sich, oberflächlich wenigstens, mit Hülfe der bisherigen Bestimmungen anstellen, obgleich wir ein anderes Attractionsgesetz, als das in der Natur geltende angenommen haben. Aber die Erfahrung scheint jene bestimmte Richtung der Bahnen bei Feuerkugeln und Sternschnuppen nicht zu bestätigen, und dieses berechtiget uns, anzunehmen, daß sie durch andere Kräfte als die bloße Anziehungskraft der Erde ihre sehr große Geschwindigkeit erhalten, welches man freilich schon immer angenommen hat.

4. Wollte man andere Attractionsgesetze als das im vorigen Exempel angenommene voraussetzen, so wird die Rechnung weit schwieriger. Nimmt man z. B. die anziehende Kraft als unabhängig von der Entfernung, unveränderlich $= 1$ an: so ergeben die in no. 5 entwickelten Schlüsse $dv = 2g\,dt = \frac{2g.\,y\,dp}{c.\,p^2}$; also $v = 2gt$ und $s = gt^2$, das ist, weil $c.\,t = x - \frac{y\,dx}{dy}$ sein soll,

$$ds = \frac{2g}{c^2}\left(x - \frac{y}{p}\right) \cdot \frac{y\,dp}{p^2} = dx\sqrt{(1 + p^2)},$$

wo es nicht möglich ist, eine der drei Größen x, y, p zu eliminiren, um eine nur zwei veränderliche Größen enthaltende Gleichung zu bekommen.

Mit Hülfe von Reihen ließe sich die Gleichung $s = gt^2 = \frac{g}{c^2}\left(\frac{x\,dy - y\,dx}{dy}\right)^2$, wohl auflösen; aber da die Resultate immer nur unbequem ausgedrückt werden, so würde es wohl kaum der Mühe werth scheinen, wenn ich diese Betrachtungen hier weiter fortführen wollte.

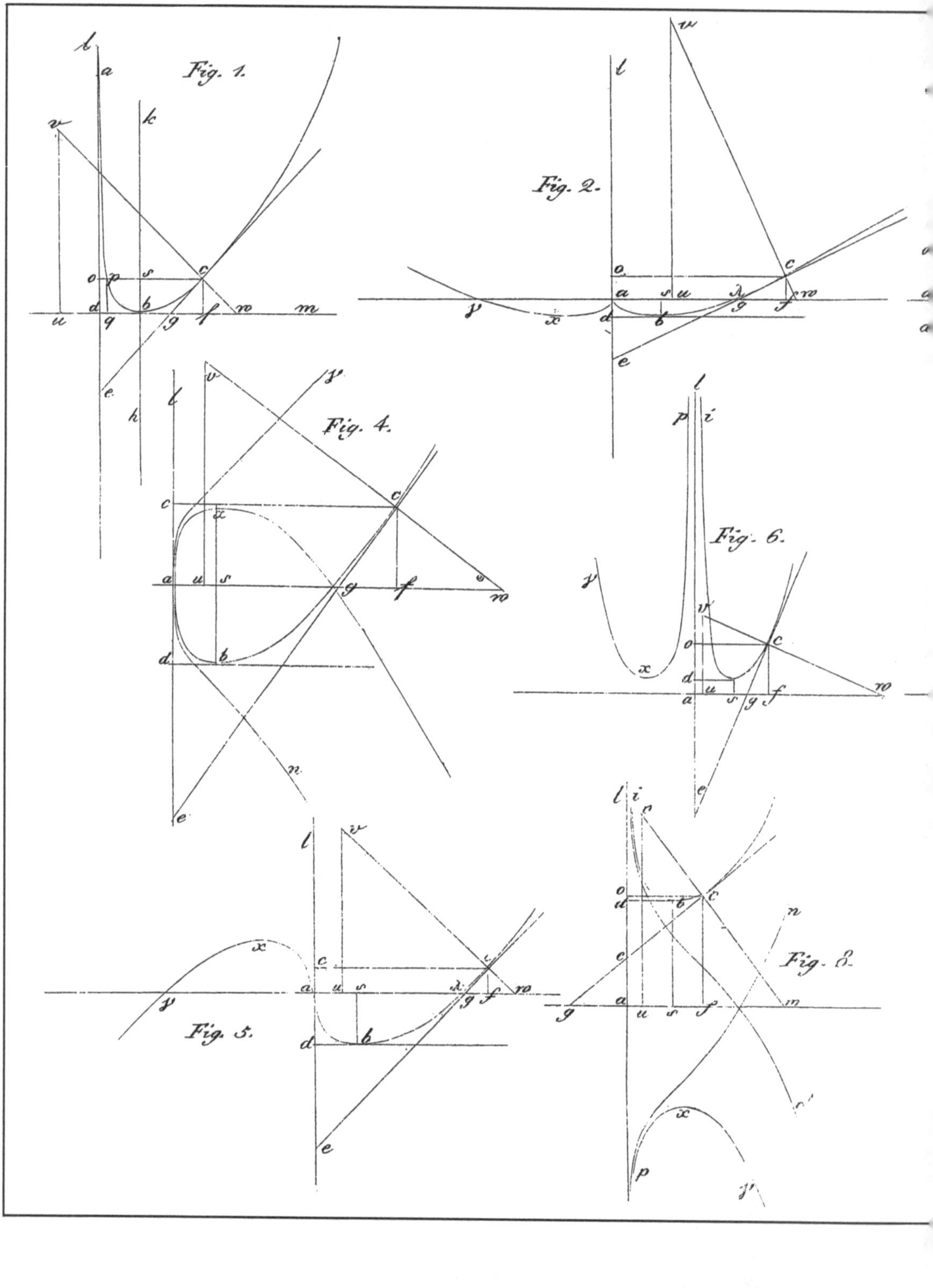
Fig. 1.
Fig. 2.
Fig. 4.
Fig. 6.
Fig. 5.
Fig. 8.

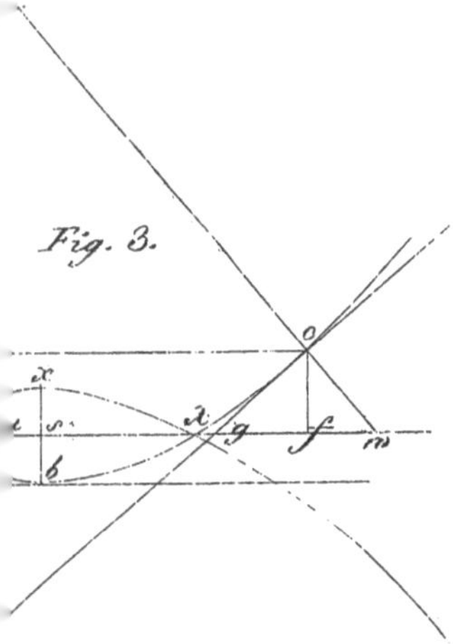

Fig. 3.

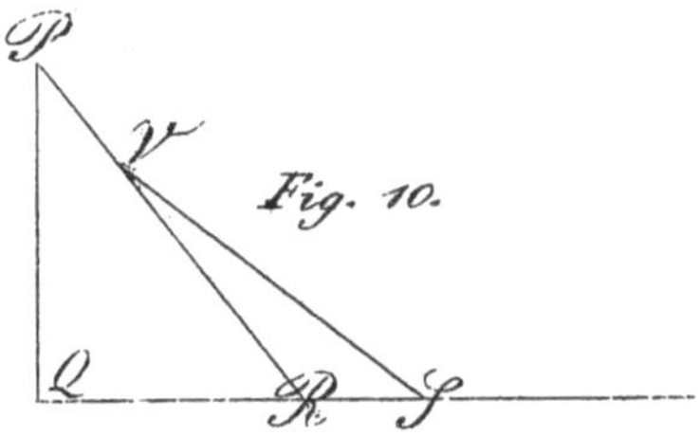

Fig. 10.

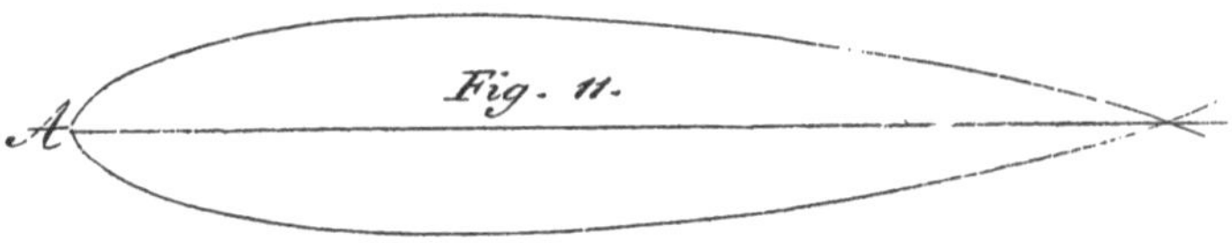

Fig. 11.

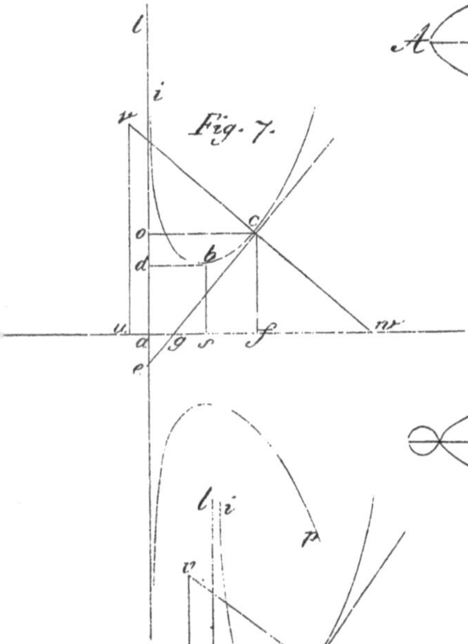

Fig. 7.

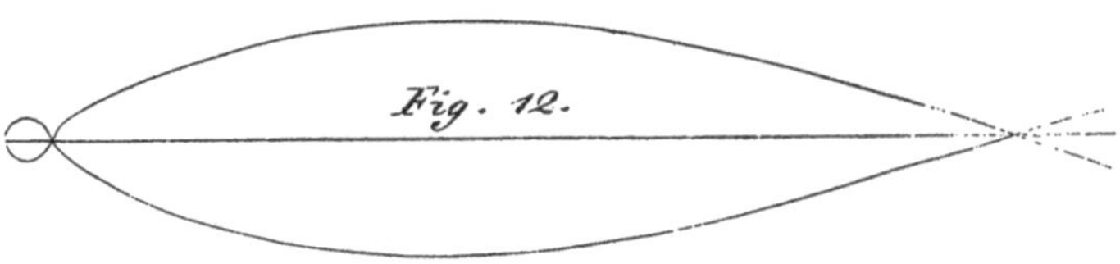

Fig. 12.

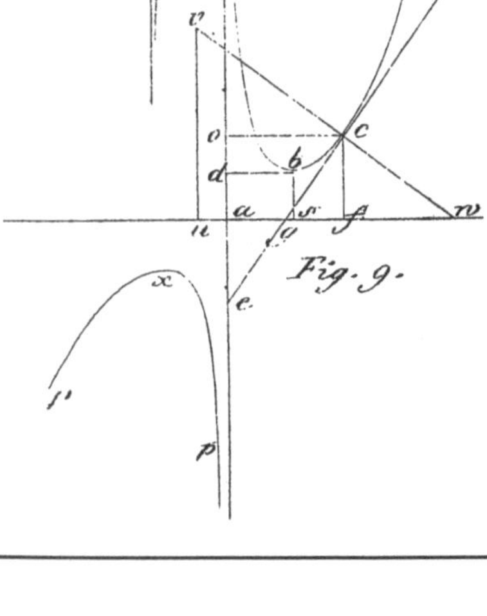

Fig. 9.

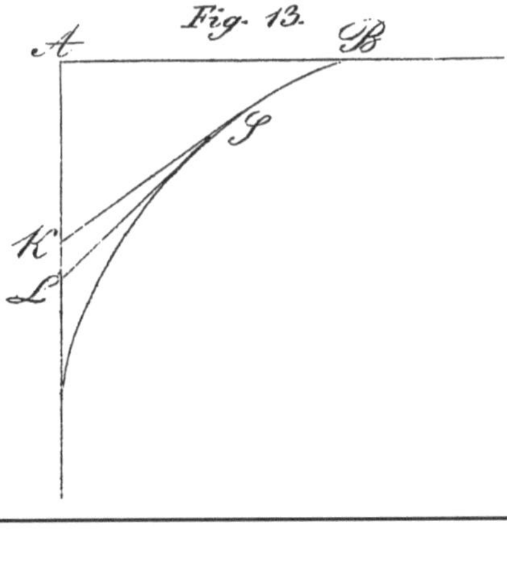

Fig. 13.

FSC
www.fsc.org
MIX
Papier | Fördert gute Waldnutzung
FSC® C083411

Zeitfracht Medien GmbH
Ferdinand-Jühlke-Straße 7
99095 Erfurt, Deutschland
produktsicherheit@kolibri360.de